李万军 编著

版式设计与实践指南

实践指南

LAYOUT DESIGN

U0216596

电子工业出版社·

Publishing House of Electronics Industry

北京·BEIJING

图书在版编目（CIP）数据

版式设计与实践指南 / 李万军编著. -- 北京：电子工业出版社，2024. 7. -- ISBN 978-7-121-48142-0

Ⅰ. TS881-62

中国国家版本馆CIP数据核字第2024367TM7号

责任编辑：陈晓婕

印　　刷：天津市银博印刷集团有限公司

装　　订：天津市银博印刷集团有限公司

出版发行：电子工业出版社

　　　　　北京市海淀区万寿路173信箱　邮编：100036

开　　本：720×1000　1/16　印张：15.75　字数：403.2千字

版　　次：2024年7月第1版

印　　次：2024年7月第1次印刷

定　　价：89.00元

凡所购买电子工业出版社图书有缺损问题，请向购买书店调换。若书店售缺，请与本社发行部联系，联系及邮购电话：(010) 88254888，88258888。

质量投诉请发邮件至zlts@phei.com.cn，盗版侵权举报请发邮件至dbqq@phei.com.cn。

本书咨询联系方式：(010) 88254161~88254167转1897。

　　过去，一讲到版式设计，人们自然把它理解为书籍、刊物的设计。有人认为版式设计只是技术工作，不属于艺术创作，因而不重视它的艺术价值。还有人认为版式设计只要规定一种格式，放上字体、图形即可，不需要其他设计。这些都是认识上的误区。版式设计的最终目的在于更好地传达版面信息。只有做到主题鲜明、重点突出、一目了然，并且具有个性，才能够达到版式设计的最终目标。

　　本书的编写着眼于实际工作应用，并没有针对某一具体的应用软件进行深入介绍，而是通过对不同对象版式设计的基础知识、设计方法和表现技巧等进行全面的分析和介绍，力求让读者对版式设计有整体的认识。全书共分8章，各章内容简介如下。

　　● 第1章 版式设计基础，介绍有关版式设计的基本概念与特点，以及版式设计的基本流程、常见类型等内容，使读者对版式设计有全面、深入的理解和认识。

　　● 第2章 卡片版式设计，主要介绍卡片版式的构成要素、构图方式、设计要求等相关知识，并通过对多个卡片版式设计案例的对比分析，使读者领悟卡片版式设计的方法与技巧。

　　● 第3章 海报版式设计，主要介绍海报版式的特点、构成要素、设计流程和设计要求等相关知识，并通过对多个海报版式设计案例的对比分析，使读者领悟海报版式设计的方法与技巧。

　　● 第4章 宣传页版式设计，主要介绍宣传页版式的构成要素、构图方式和视觉流程等相关知识，并通过对多个宣传页版式设计案例的对比分析，使读者领悟宣传页版式设计的方法与技巧。

　　● 第5章 户外广告版式设计，主要介绍户外广告版式的构成要素、设计要点和视觉流程等相关知识，并通过对多个户外广告版式设计案例的对比分析，使读者领悟户外广告版式设计的方法与技巧。

　　● 第6章 宣传画册版式设计，主要介绍宣传画册版式的构成要素、版面的诉求要点等相关知识，并通过对多个宣传画册版式设计案例的对比分析，使读者领悟宣传画册版式设计的方法与技巧。

　　● 第7章 报刊版式设计，主要介绍报纸版式的设计流程、构成要素以及杂志版式的设计元素、构图方式和构成要素等相关知识，并通过对多个报刊版式设计案例的对比分析，使读者领悟报刊版式设计的方法与技巧。

　　● 第8章 UI版式设计，主要介绍UI版式设计的概念、构成要素、设计原则等相关知识，并通过对多个UI版式设计案例的对比分析，使读者领悟UI版式设计的方法与技巧。

　　由于时间仓促，书中难免有疏漏之处，在此敬请广大读者朋友批评、指正。

编著者

目录

第1章 版式设计基础

目录

目录

第7章 报刊版式设计

目录

第8章 UI版式设计

读者服务

读者在阅读本书的过程中如果遇到问题，可以关注"有艺"公众号，通过公众号与我们取得联系。此外，通过关注"有艺"公众号，您还可以获取更多的新书资讯、书单推荐、优惠活动等相关信息。

扫一扫关注"有艺"

资源下载方法：关注"有艺"公众号，在"有艺学堂"的"资源下载"中获取下载链接。如果遇到无法下载的情况，可以通过以下三种方式与我们取得联系。

1. 关注"有艺"公众号，通过"读者反馈"功能提交相关信息。

2. 请发送邮件至 art@phei.com.cn，邮件标题命名格式为：资源下载＋书名。

3. 读者服务热线：（010）88254161~88254167 转 1897。

投稿、团购合作：请发送邮件至 art@phei.com.cn。

第 **1** 章
版式设计基础

有人认为版式设计只要规定一种格式，放上字体、图形即可，不需要其他设计，这种看法是保守的、传统的。本章将带领读者了解版式设计，了解版式设计的基本流程、常见类型等内容，使读者对版式设计有全面、深入的理解和认识。

1.1 了解版式设计

设计师通过一定的手法，在有限的版面内将各种文字和图片有效地结合在一起，最终使版面显得丰富灵活，或多姿多彩，或庄重沉稳，强化表达的内容，使读者在视觉上能够直观感受到版面所传达的主题和氛围，这就是版式设计。

1.1.1 版式设计的基本概念

在《现代汉语词典》中，"版式"的释义为"版面的格式"；在《辞海》中，其释义为"书刊排版的式样"。从现代设计中版式设计的内涵来看，《辞海》将"版式"限定在书刊排版的范畴，是一种狭义的解释。广义的版式，是指各种平面设计形态中的文字或图形展示时的具体样式，甚至包括立体对象中特定的平面状态。

版式设计，也被称为"版面编排"。所谓编排，就是将特定的视觉信息要素（如标题、文稿、图形、标志、画面、色彩等），根据主题表达的需求，在特定的版面上进行的一种编辑和安排。编排，是制作和建立有序版面的理想方式，所以其被称为"版式设计"。

版式设计的范围涉及杂志、报纸、书籍（画册）、海报、广告、菜单、网站 UI 等多种设计对象。图 1-1 所示为不同设计对象的版式设计。

图1-1 不同设计对象的版式设计

版式设计是平面设计中极具代表性的一大分支，它不仅在二维平面上发挥作用，而且在三维空间中也能够体现它的效果。例如，包装设计中各个特定的平面，展示空间中的各种识别标记的组合及都市商业区中悬挂的标语、霓虹灯等。

1.1.2 版式设计的特点

现代版式设计的目的性决定其必须考虑设计的内容与形式之间的辩证关系，这种关系影响了版式设计的功能与审美。

1. 直接性

版式设计要求将所需传播的内容概括成简练的图形元素，通过对图形元素进行合理化的艺术处理，高度浓缩所传达的内容，从而提升其在版面中的视觉地位，高效地传播其所承载的信息。这种信息传播的直接性不等同于对图形元素的简单编排，它要求设计师必须充分考虑设计作品的适应范围和信息传达的目的等客观因素。图 1-2 所示为信息传播直接性的表现。

直接展示美食图片，能够很好地吸引消费者的关注，再搭配简洁的说明性文字，版面信息内容直观、清晰。

该产品宣传画册的版式设计非常简洁，通过大幅产品图片搭配简洁的文字介绍，清晰、直观地向读者传递了产品信息。

图1-2 信息传播直接性的表现

2. 指示性

版式设计往往是和一定的商品或所装饰的对象联系在一起的，在其设计过程中常常带有特定的指示性，即广告作用。从现代社会信息的传播情况来看，人们接受外界信息的模式发生了巨大变化。作为具体的视觉传播方式，版式设计承载着诸多的指示功能，以强化信息接收者的记忆。图 1-3 所示为版式设计中指示性的表现。

该产品的包装设计使用水果与牛奶的合成图片，暗示了该产品的口味与新鲜的属性，从而强化消费者对产品的印象。

该蛋糕宣传广告的版式设计，将蛋糕与戒指相结合，寓意该蛋糕有如钻石般的高端品质，通过夸张手法给人留下深刻的印象。

图1-3 版式设计中指示性的表现

3. 规律性

任何艺术设计都必须符合规律，版式设计也不例外。形式美法则要求版式设计在布局方面追求图形编排的完善、合理，有效地利用空间，规律地组织图形，产生秩序美。这种布局要求图形元素之间相互依存、相互制约、融为一体，从而达到版面编排的目的。图 1-4 所示为版式设计中规律性的表现。

该宣传画册采用跨页设计，在多个不同的位置放置图片，其中左下角的图片视觉效果最明显，其他位置的图片则统一使用圆形来表现，富有规律的表现形式能够产生秩序美。

该版式运用网格系统对多张图片进行编排处理，网格之间通过留白的方式使版面实现平衡。不同尺寸的网格图片及色块穿插，使版面设计在规律中富有变化，具有现代感。

图1-4 版式设计中规律性的表现

4. 艺术性

随着现代生活水平的提高，人们对精神生活的要求也越来越高，版式设计不仅要满足其功能性，同时需要塑造优美的视觉形象，实现二者的统一。版式设计构成元素应该根据美学原则和造型规律，通过清晰明快的现代设计手法，打散、重构图形元素，塑造自由、活泼，形式优美的艺术语言。图1-5 所示为版式设计中艺术性的表现。

该产品宣传画册的版式设计非常简约，使用大幅的不规则形状产品图片营造出版面的时尚感，并且在版面中应用大小对比和位置对比，使版面具有艺术感。

该海报的版式设计，使用满版的商品图片突出诉求，并采用拟人化的手法，将商品设计成超人的形象，寓意该产品所带来的非凡感受，视觉冲击力强，创意精妙。

图1-5 版式设计中艺术性的表现

1.2 版式设计的基本流程

遵循合理的版式设计流程，有利于对所设计的项目有一个清晰全面的认知并进行有条不紊的安排，从而使版式设计工作更加顺畅、有效地进行。

1.2.1 理解项目主题

首先需要明确设计项目的主题，再根据主题来选择合适的元素，并考虑使用什么样的表现方式来实现版式与色彩的完美搭配。只有明确了设计项目的主题，才能够准确、合理地进行版面设计。图1-6 所示为不同主题项目的版式表现效果。

食物能给人们带来满足感和愉悦感。该菜单画册版式设计，通过大幅精美的图片展示出食物的精致与诱人，再搭配简短的介绍文字，充分勾起人们的食欲，版面主题明确、突出。

该服饰产品宣传画册版式设计，使用退底处理的人物素材横跨整个版面，在人物图片上叠加大号字体，使版面主题的表现效果突出，时尚感强。

图1-6 不同主题项目的版式表现效果

1.2.2 明确版面需要传递的信息

　　版式设计的首要任务是向用户准确地传递信息。设计师首先需要明确版式设计的主要目的和需要传递的信息，再考虑合适的编排形式。在对文字、图形和色彩进行合理搭配追求版面美感的同时，要确保版面中信息传递的准确和清晰。图 1-7 所示为不同版面的信息的传递方式。

　　该版面设计通过使用大幅满版图片将读者带入环境中，并对图片进行圆弧处理，使得版面的表现轻松、舒适。版面中对重点的折扣信息文字使用对比色的底纹突出显示，版面信息传递直观、明确。

　　该美容产品宣传版面，以产品同色系的粉红色作为背景色，将产品图片与文字内容左右放置，无论是版面的主题还是信息内容的表现都非常清晰、准确。

图1-7 不同版面的信息的传递方式

1.2.3 确定目标群体

　　版式设计的类型众多：有的中规中矩、严肃工整，有的动感活泼、富有丰富，有的大量留白、意味深长……作为设计师，不能盲目地选择版式类型，而要根据读者群体的特点来做判断。如果读者是年轻人，则适合选择时尚、个性化的版式；如果读者是儿童，则适合选择活泼、有趣的版式；如果读者是老年人，则适合选择常见的规整版式，并且在版面中要使用较大的字号。因此，在开始版式设计前，针对设计项目的目标群体进行分析定位是非常重要的一个步骤。图 1-8 所示为针对不同目标群体的版面设计。

该杂志主要面向时尚、个性的年轻女性，采用随意、自由的版式结构，通过将多个不同风格的女性模特在版面中前后放置，搭配简洁的文字，表现出时尚、个性的气质。

该儿童夏令营活动宣传折页，使用了多种不同的颜色来区分各页面，而版面中的文字也使用了卡通字体及多种色彩，从而使版面表现出缤纷、活泼的效果。

图1-8 针对不同目标群体的版面设计

1.2.4 明确版式设计的宗旨和要点

设计宗旨是指当前设计的版面想要表达什么意思，传递怎样的信息，最终达到怎样的宣传目的，这一步骤在整个设计过程中十分重要。

在商业设计中，为达到广告宣传的目的，要求设计师明确版式设计的要点、设计宗旨、设计主题，并通过文字与画面的结合，给受众留下深刻的印象，将画面的信息准确、快速地传递给对方，从而促进商品的销售。图 1-9 所示为突出不同要点的版式设计。

该汽车宣传海报使用冲破屏幕的创意图形，表现出汽车的动感。在版面下方，使用大号毛笔字体突出表现主题，使海报具有强烈的时尚感和力量感。

该品牌的包装设计非常简洁，除品牌标识之外没有任何多余的元素，品牌标识构成环境中强势的视觉标签，使受众印象深刻。

图1-9 突出不同要点的版式设计

1.2.5 制订项目计划

在对项目开始设计之前，需要对项目进行调查研究，收集资料，了解项目背景信息，熟悉项目的主要特征，并根据收集的资料进行分析，确定项目的详细设计方案，最后根据方案来安排具体的设计内容。

1.2.6 推进设计流程

做出一个设计方案所需要经历的过程叫作设计流程，这是设计的关键。想到哪里做到哪里的执行方式很可能使设计出现很多漏洞和问题，我们应该按照合理的设计流程来具体执行。图 1-10 所示为一个项目的版式设计的基本流程。

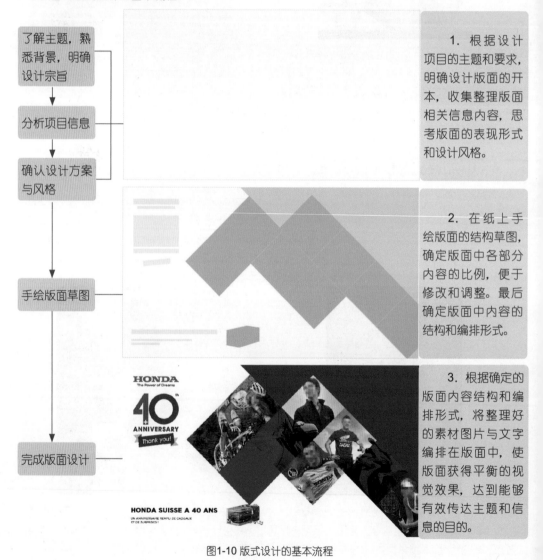

图1-10 版式设计的基本流程

1.3 版式设计的常见类型

在进行版式设计时,通常需要运用不同的版面形式来传递信息,常见的版式构图类型有骨骼型、满版型、对称型、分割型等。

1.3.1 骨骼型

版式设计中的骨骼是指在一幅版面中各造型元素摆放的骨架和格式。骨骼在版式设计中起着支配构成单元距离和空间的作用。

规则的骨骼型版式虽然具有序列性,但版面变化空间不足,容易给人带来呆板、机械,缺乏活力的感觉,故设计时需要做一些变化处理,如运用富有变化的标题或在四栏的文字中沿骨骼线插入占据二栏或三栏的图片,版面局部进行跨栏等,从而使版面理性而不失活泼。图 1-11 所示为采用骨骼型的版式设计。

在该杂志版式设计中,左侧页面使用骨骼型版式对内容进行编排,在横向上分为三栏,下面两栏又在竖向上分为三栏,整个版面的条理非常清晰、严谨。

在该杂志的跨页版面设计中,每页分为三个竖栏,规则的骨骼架构让读者感觉到和谐、理性的美,而在分栏中又穿插放置大小不同的图片或标题设计,打破分栏的呆板,使版面显得理性、有条理、活泼且具有弹性。

图1-11 采用骨骼型的版式设计

提示

骨骼型版式设计包含明显的通栏设计,即用实质上的线条划分通栏,又包含运用对齐、分布等方式制作的隐形通栏设计,其作用是使图文的编排富有秩序感。分栏的宽窄直接影响文字、图形的编排。常用的骨骼型版式有横向栏和竖向栏,具体又可以细分为通栏、双栏、三栏、四栏等。

1.3.2 满版型

满版型版式一般用于商品广告的宣传，将商品形象或与品牌有关联的人物、景物、器物等具有典型特征的图片覆盖整个版面，直观地展示诉求主体，具有一目了然的视觉感受，视觉传达效果直观而强烈。文字放在上、下、左中或中部（边部或中心）的图像上。满版型版式能够给人大方、舒展的感觉。图 1-12 所示为采用满版型的版式设计。

该版面设计将人物局部特写图片作为满版背景，给人很强的视觉冲击力，搭配简洁的品牌标识，使整个版面直观、一目了然。

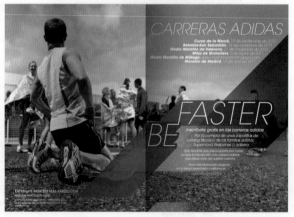

该运动杂志内页使用运动场景图片作为整个跨页版面的满版背景，给人很强的视觉冲击力，再搭配倾斜的文字，使整个版面富有动感。

图1-12 采用满版型的版式设计

1.3.3 对称型

对称是平衡的完美状态，表现一种力的均衡。对称这一形式体现了形态组合、形态结构的整体性、协调性与完美性，给人一种完美的视觉感受，也是人们在生活中常见的一种构成形式，如我国传统建筑的形态等。

对称分为绝对对称和相对对称，一般多采用相对对称的手法，以避免过于严谨。对称型版式一般以左右对称居多，给人稳定、理性的感觉。图 1-13 所示为采用对称型的版式设计。

该家居产品宣传画册跨页版面采用了左右对称的构图方式，无论是图片的大小、位置，还是文字的位置几乎都是一致的，这样的对称版面给人一种安定的感觉。但版面如果过于对称，会使其表现趋于平淡。

该家居产品宣传画册的右侧版面采用了垂直对称的构图方式，分别对两款沙发产品进行介绍，给人协调、稳定的感受。左侧版面采用了上图下文的排版方式。画册中不同版面的编排形式富有变化，形式多样。

图1-13 采用对称型的版式设计

提示

对称型版式设计显得稳定，缺少变化，完全对称的形式难以满足人的视觉需求。因此，设计时可以在保持整体对称的基础上，寻求局部的变化。这种变化是有限度的，要根据力的重心进行量的调整，使其量感达到平衡，形象有所差别。例如，使用图形或文字元素，穿插于上下或左右版式之间，使版面产生局部的变化，这样就会比完全对称的形式更富有活力。

1.3.4 分割型

分割型版式依据版面分割的走向可以分为上下分割型与左右分割型。上下分割型版式是指将整个版面分割成上下两个部分，在上半部分或下半部分配置图片，可以是单幅图片也可以是多幅图片，另一部分则配置文字。整个版面图片部分感性而富有活力，而文字部分则理性而沉静。图 1-14 所示为采用上下分割型的版式设计。

左右分割型版式是指将整个版面分割为左右两个部分，比例根据内容灵活调整，适用于对比式的内容展示。如果左右两部分的面积大小不同，能够使版面表现出视觉上的不平衡感，具有独特的风格。图 1-15 所示为采用左右分割型的版式设计。

该楼盘宣传广告使用了上下分割型的版式设计，上半部分为楼盘效果图，下半部分为介绍内容，图片与文字之间采用圆弧状的过渡效果，让人感觉舒适、自然。

该海报采用了左右分割型的版式设计，使用绿色背景色块将版面划分为左右两部分，在版面右侧放置黑白人物，与绿色背景形成强烈的视觉对比。左侧文字内容采用右对齐方式进行排列，版面的对比效果突出，具有戏剧性。

图1-14 采用上下分割型的版式设计

图1-15 采用左右分割型的版式设计

1.3.5 中轴型

中轴型版式将主体元素沿版面的水平中轴线或垂直中轴线进行排列，由于主体元素排列在版面的中心位置，所以能够给人强烈的视觉冲击力，主体突出，诉求效果明显，适用于表现单一的主体对象。图 1-16 所示为采用中轴型的版式设计。

该海报采用中轴型版式设计，将产品图形沿版面的中轴线垂直放置，而介绍文字则是沿水平中轴线进行排列，给人一种稳定、安静、平和与含蓄之感。

该杂志内页采用了中轴型版式设计，版面以文字为主，留白较多，在版面中间位置使用大号加粗的红色文字表现主题，在主题文字下方以水平居中方式对说明文字进行排版，使读者视线向版面中间聚拢。

图1-16 采用中轴型的版式设计

1.3.6 曲线型

　　将主体视觉元素呈曲线状排列的设计形式即为曲线型版式。图形与文字沿几何曲线或自由曲线排列，形成一种较强的动感和韵律感，并呈现出有起伏的节奏感。由于曲线有动感、弹性的特质，常给人以自由、优雅的感觉。相对于笔直的线条，曲线能为版面带来变化，吸引更多的注意力。图 1-17 所示为采用曲线型的版式设计。

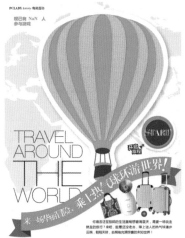

　　在该杂志版面中，在灰色背景的衬托下卡通主体图形的表现效果非常抢眼，将文字放在曲线条幅图形上，为版面添加活力，产生韵律感与节奏感。

　　在该杂志封面的设计中，在版面的中间位置放置退底处理的人物照片，版面中相关的文字内容则围绕着人物轮廓进行排列，使版面具有艺术感。

图1-17 采用曲线型的版式设计

1.3.7 倾斜型

　　在版式设计中，将版面内容元素以倾斜的方式编排可以使版面具有飞跃、向上或向前冲的动态感觉。倾斜型排列与水平排列、垂直排列不同，水平排列、垂直排列给人平静和肃穆的感觉，而倾斜排列则给人一种运动感并具有向前冲的力量，常见于展示运动、速度的设计作品中。图 1-18 所示为采用倾斜型的版式设计。

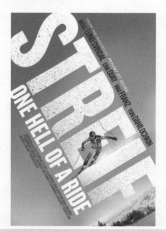

该海报采用倾斜型版式设计，将海报的背景图片进行倾斜处理，同时将主题文字内容倾斜放在对角线位置上，使得海报整体具有强烈的动感效果，与海报中高山滑雪这一运动主题相契合。	该海报采用倾斜型版式设计，将海报中的主题内容与图片进行整体透视倾斜处理，使版面具有很强的立体感与空间感，创意十足，具有很好的视觉效果。

图1-18 采用倾斜型的版式设计

1.3.8 重心型

重心型版式就是在版式设计中以图形或文字元素作为画面中心或焦点进行主题内容的传达，而其他元素则围绕中心形成向外辐射的弧形结构，构建出向中心主体聚拢的效果。这种版式中心明确、主题突出，有利于设计主体信息的有效传达。在设计中，画面中心有的是以图形或文字直观的形式表现，有的则是以间接的形式表现。图 1-19 所示为采用重心型的版式设计。

该海报采用重心型版面设计，主题文字采用大号字体放在版面的中心位置，其他内容则围绕在版面的四周，并通过图形指向中心。最特别的是版面中的内容进行了水平翻转处理，呼应"翻转"主题。	该海报采用重心型版面设计，版面中的所有说明文字都是从置于视觉中心的人物向外发散开来的，形成视觉上的爆发感，强烈而有趣。

图1-19 采用重心型的版式设计

1.3.9 重复排列型

设计中的重复形式是指同一性质的视觉元素连续、有规律地出现在画面上，形成富有节奏感韵律感的视觉效果，展现出内容的同一性与同类性。版式中的重复形式体现在将相同或近似的单元骨骼、形象元素反复进行排列。重复表现手段的特征是形象的连续性，这种连续性反映在人们的视觉中，不仅能保持原有形象的特质，而且还能增加视觉趣味，产生安定、平衡、有秩序等视觉感受，使画面形成有规律的节奏感韵律感并获得既有变化又和谐统一的效果。图 1-20 所示为采用重复排列型的版式设计。

该海报版面采用重复排列型的版式设计，在版面中重复排列不同人物的黑白头像，但又对这些照片进行了大小尺寸不同的处理，使得版面的表现效果非常丰富，重复表现该海报的主题。同时点缀有彩色色块，有效突出重点信息。

该杂志封面使用重复排列的方式进行设计，在版面中重复排列各种不同职业的人物插画，重点突出该版面的主题。重复的元素可以使版面的视觉效果显得更加丰富。

图1-20 采用重复排列型的版式设计

1.3.10 指示型

这种版式是对视觉结构进行指示安排的一种表现方法。指示型版式一般将图形或文字元素按一定的动势进行排列，或以箭头、线条、色彩作为形态诱导，最终将受众的视线引导至所传达内容的核心画面，提升传播效果。图 1-21 所示为采用指示型的版式设计。

该海报采用指示型版面设计，在版面中通过左下角人物视线的方向，将读者视线引至版面右上角，运用辅助图形环绕衬托中间的广告主题。

该画册内页的版式设计,使用圆形构成版面内容。大的圆形为版面的重心,通过曲线的方式引导读者的视线至各小图片,使版面中各元素的关系明确,重点突出。

图1-21 采用指示型的版式设计

1.3.11 自由型

自由型版式是将画面主体视觉元素——图形或字体呈分散的状态进行排列，具有随机性和自由性。它打破了常规、理性、规则的排列方式，使版式呈现出极强的动感和空间感。另一方面，自由型版式虽然貌似是一种无意的版式排列，实质上也是设计者精心设计的一种表现形式，"乱"中有序。但如果随意摆放设计元素，将会给人带来视觉和心理上的凌乱感受。图 1-22 所示为采用自由型的版式设计。

自由型的版式构图在杂志版面设计中非常常见。该杂志跨页版面使用自由型的版式设计，将产品图片自由排列，并且处理成大小不一的效果，给人留下轻松、活泼的印象。

该电影海报采用自由型的版式设计,给人一种活泼、轻快的感觉。矩形图形的添加,使版面表现出很强的动感和空间感。

图1-22 采用自由型的版式设计

1.4 版式设计中的点、线、面

点、线、面是构成视觉空间的基本元素，也是版式设计的主要表现语言。无论画面的内容与形式多么复杂，最终均可以简化到点、线、面上来。在版式设计中这些基本元素相互依存、相互作用，组合成各种各样的形态，构成一个个千变万化的版面。

1.4.1 版式设计中的点

通常来说，"点"是用来表示位置的，不表示面积、形状。"点"虽由一定的面积构成，但其在版面中所占面积的大小主要取决于与什么样的对象进行对比。

1. 认识版式设计中的点

人的视觉具有一定的组织能力，能够将所看到的对象简化，将某些部分抽象为"点"，从而把握整体图像。这里所说的"点"不是狭义的一个点，而是在版面中比面和线所占面积更小的元素。

版式设计中的"点"可以是文字，也可以是一个色块，定义的前提，都是对比出来的，如图1-23 所示。通过图形的对比可以看出，这里所说的"点"不是狭义的一个点，而是在版面中比面和线更小的那个面积。

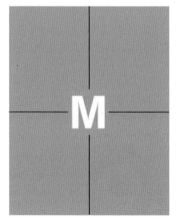 

图1-23 版式设计中"点"的释义

2. 点在版式设计中的作用

通过对"点"的排列能够使版面产生不同的效果，给读者带来不同的心理感受。把握好"点"的排列形式、大小、数量、分布，可以形成稳重、活泼、轻松等不同的版面效果。

（1）活跃版面

当版面中编排的信息量较少时，为了让版面看起来活跃，可以在版式设计中充分发挥"点"的灵动特点，将文字或色块等元素处理为"点"，使版面活跃起来。图 1-24 所示为运用"点"元素活跃版面的效果。

（2）指示作用

当版面中编排的信息量较大时，通过在版面中运用"点"元素能够更好地区分各部分信息内容，方便读者阅读版面中的信息内容。图 1-25 所示为版面中"点"元素的指示作用。

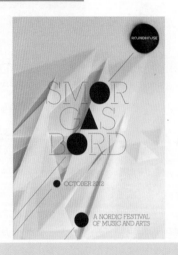

该海报版面非常简洁，只在海报的中心部分使用细线字体表现海报的主题。同时，将部分文字内容处理为点，并在版面中其他位置添加相同颜色的点，从而使版面变得活跃。

在该美食杂志版面中，文字内容较多，为了便于读者阅读，通过添加"点"元素对不同的内容进行分区，使版面中的信息更加清晰、易读。

图1-24 运用"点"元素活跃版面的效果　　　图1-25 版面中"点"元素的指示作用

（3）烘托氛围

在版式设计中为了能更好地突出版面的设计主题，可以将版面中的关键元素通过"点"的形式表现出来，这样可以使版面看起来更加丰满，并且能有效地烘托整个版面的氛围，如图1-26所示。

该海报版式设计，使用花瓣拼出抽象女性人物侧面轮廓，散落的花瓣大小不一，可以看作版面中的"点"，丰富了版面的视觉效果。如果将散落的花瓣装饰去除，则海报版面的视觉效果会显得单调。

在该海报版面中点缀多种不同颜色的小点，使版面表现非常活跃、热闹。如果将小点去除，只保留海报中的主体图形与文字内容，热闹的感觉就会消失。

图1-26 运用"点"元素烘托版面氛围

3. 点在版式设计中的构成

版式设计中"点"的位置、距离、聚集形成了"点"的不同形态并赋予版面不同的情感。版式设计中"点"的构成表现在点的大小、点所在空间的位置、点之间的距离、点的聚集等方面。

（1）点的位置

"点"作为版面设计元素，处于版面中间位置时，呈现出单纯、宁静、稳定的特点。当"点"偏离了中间位置，在版面边缘时就会产生方向感并形成动态。图 1-27 所示为将点放在版面的边角位置。

（2）点的距离

同一画面中，如果有两个"点"（图形、色彩、文字）大小相同且相距一定的距离时，这两点之间就会产生一种内在的张力，观者的视线会往复于两点之间。当两个"点"的大小不同时，观者的视线会从大点向小点逐渐移动，最后落在小点上；越小的点，聚集性越强。图 1-28 所示为版面设计中两个相同大小的点。

在版面的左下角和右上角分别放置一个黄色图形，形成呼应。版面中使用明显的点、线、面构成，使版面的表现重点突出，具有一定的动势。	在该杂志版面中，两个点位于版面的中间且相互对称，并且具有相同的大小，视觉效果稳定。整个版面给人一种简洁、对称的感觉。
图1-27 将点放在版面的边角位置	图1-28 版面设计中两个相同大小的点

（3）点的聚集

在版式设计中，这些"点"元素在集聚时所排列的形式、连续的程度、大小的变化，均能表现出不同的情感。同样大小的点等距离排列会赋予版面安定感和均衡感，如图 1-29 所示；大小参差不齐且不等距离排列的"点"则会赋予版面跳动感和不规则感，如图 1-30 所示。在版式设计中点的不同位置能够产生不同的方向感。

该版面中的每一个字母都可以看作是一个"点"，这些点具有相同的大小，并且等距离规则排列，使整个版面具有很强的稳定感和均衡感。

该版式设计将人物头像放在版面中间，通过上下对称处理，表现出奇特的视觉效果。主题文字的每个字母都可以看作一个"点"，不规则地放在版面中，使版面表现出跳动感与活跃感。

图1-29 相同大小等距排列的点

图1-30 不等距离排列的点

提示

在版式设计中，有两种情形必须考虑。首先，注意"点"与整个版面的关系，即"点"的大小、比例。"点"同其他视觉元素相比，比较容易形成画面的视觉中心。考虑"点"的大小、比例与版面的关系，是为了获得视觉上的平衡与愉悦。其次，要组织、经营"点"与版面中其他视觉元素的关系，构成版式的和谐与美感。

1.4.2 版式设计中的线

"线"是"点"的移动轨迹，也是"面"的边界。从造型含义上说，它是具体对象的抽象形式，"线"的位置、长度和宽度是可感知的。"线"是对"点"静止状态的破坏，因此由"线"构成的视觉元素更丰富，形式更多样。

1. 认识版式设计中的线

"线"是由无数个"点"构成的，是"点"的发展和延伸，其表现形式非常多样。同样作为版面空间的构成元素，"点"只能作为一个独立体，而"线"则能将这些独立体统一起来，将"点"的效果进行延伸。

在版式设计中，"线"分为直线和曲线。直线包括水平线、垂直线、斜线、折线等，而曲线则包括螺旋线、自由曲线、弧线、双曲线和抛物线等。不同粗细、虚实的线具有不同的明度，形成看不见的视觉流动。图 1-31 所示为"线"的不同表现形式。

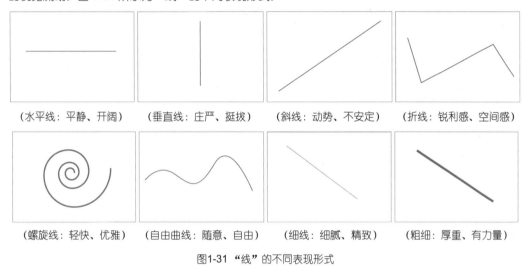

（水平线：平静、开阔）　（垂直线：庄严、挺拔）　（斜线：动势、不安定）　（折线：锐利感、空间感）

（螺旋线：轻快、优雅）　（自由曲线：随意、自由）　（细线：细腻、精致）　（粗细：厚重、有力量）

图1-31 "线"的不同表现形式

在版式设计中，编排好的字符可以理解为由"点"（单个文字）的流动所构成的"线"，如图 1-32 所示。好的文字编排能够实现形式与意义的融合，产生艺术美感。

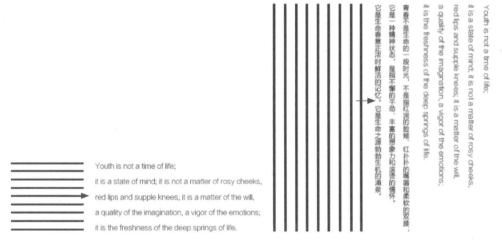

图1-32 "点"的流动构成"线"

2. 线在版式设计中的作用

作为视觉元素，"线"在版式设计中的影响力大于"点"，"线"比"点"在视觉上占有更大的空间。在版式设计中，"线"也可以构成各种装饰要素，起到勾勒轮廓、分割版面等作用。

（1）勾勒轮廓

之前说到点的运行轨迹形成了线，如果一个字是一个点的话，一行字就是一条线，几行字就是几条线，文字段就是一组线。这也说明，线在平面设计构成中所占的比重更大。图 1-33 所示为文字所形成的"线"在版面中的视觉效果。

在这两幅海报设计中，版面中的文字内容均采用了竖排的方式进行排列。文字竖排是日式的设计风格，竖线也是日式版式设计中常用的元素。

图1-33 文字所形成的"线"在版面中的视觉效果

（2）信息分割

通常在对书籍、杂志、报纸等文字内容较多的版面进行排版设计时，为了使版面更易于读者阅读，会常常使用线条对不同部分的文本内容进行划分，使版面内容有条理。图 1-34 所示为使用线条对版面中的信息进行分割。

（3）信息串联

当版面中的元素多而杂乱时，如果觉得添加分类信息的竖线会令画面比较死板，可以使用一些倾斜的线条，这些倾斜的线条可以在使方向感统一的同时，使画面变得更有秩序，为读者建立起完整的阅读逻辑和视觉引导。另外，元素和版面之间的关系，也可以使用斜线进行串联。图 1-35 所示为加入线条使版面内容更有秩序。

在该杂志版式设计中，每一部分内容都有相应的图片、标题和文字说明内容。通过在版面中添加相应的横线和竖线对版面区域进行划分，使得各部分信息内容更加明确，读者能够轻松地区分各部分内容，整个版面显得均衡、有条理。

该海报版式设计，主要是用文字来表现海报主题，为了区分不同的文字内容，在版面中加入不同方向和颜色的斜线，更好地串联版面中不同的信息内容，同时斜线的添加也使得版面更具有活力。

图1-34 使用线条对版面中的信息进行分割

图1-35 加入线条使版面内容更有秩序

（4）内容强调

在版面设计过程中，通过为重要信息或内容添加线条或线框的方式，可以起到对该元素进行强调的作用，或提升某些元素对画面的影响力。线条越粗，强调效果越明显。图 1-36 所示为通过线框强调重要内容。

（5）表现柔美的氛围

如果需要使版面体现出更多的情感或者气质，可以考虑在版面中添加合适的曲线来对版面的氛围进行调节。曲线的造型比较适用于体现浪漫、唯美等有女性气质的版式风格中。图 1-37 所示为通过曲线设计表现出版面的柔美感。

该设计在版面底部使用倾斜的细线条来分割版面空间，增强版面的层次感，让信息主次分明。同时为版面中的主题文字添加黄色粗线框，黄色与背景色形成对比，不仅在版面中划定了视觉焦点，重点突出主题，同时也丰富了版面的视觉效果，使主体在画面中的视觉形象更鲜明。

图1-36 通过线框强调重要内容

在该产品广告版面设计中，将流动的水处理为曲线形状，自上而下环绕产品，使得广告版面的表现柔美而富有生命的气息。

图1-37 通过曲线设计表现出版面的柔美感

3. 线在版式设计中的构成

对于版式设计而言，文字、图形或色彩通过线性排列也会产生独有的特点：水平的线性排列带有稳定、永久、和平的意味，如图 1-38 所示；垂直的线性排列带有崇高、权威、庄重的意味，如图 1-39 所示。

该时尚杂志使用大幅精美的摄影作品作为跨页版面的满版背景，在版面中间位置通过水平文字构成简洁的版式，使版面显得稳定。

在该网站 UI 版式设计中，文字内容采用竖排方式排列，内容之间使用不同粗细和颜色的线条进行分割，使版面中的内容清晰并具有一定的韵律感。

图1-38 文字以水平线排列　　　　　　　　图1-39 文字以垂直线排列

版面中的文字或图形沿斜线排列是介于垂直线排列与水平线排列之间的形态，具有不安定感、动感和活泼感，这种排列方式具有较强的方向性。图 1-40 所示为倾斜排列的文字。

版面中的文字沿曲线排列，可以产生不同的情感印象，使版面表现出丰满、柔软、欢快、轻盈、调和的感觉，其形态富有变化，追求与自然的融合，体现出节奏感、流动性等特点，并具有现代的审美意味，如图 1-41 所示。

该活动宣传海报在版面的中间位置对主题文字进行倾斜处理，并且将文字的笔触延伸至版面边缘，有效延伸版面空间，使整个版面具有活泼感和动感。

在该杂志封面设计中，版面中的文字沿着人物轮廓进行排列，使版面表现出一种不规则的轻盈感，这样的排版方式体现出杂志封面的个性，给人留下深刻的印象。

图1-40 倾斜排列的文字　　　　　　　　图1-41 文字沿曲线排列

1.4.3 版式设计中的面

在平面设计中"面"相当于一部电影里的主角，是一部作品里最重要的组成部分。在版面中，"面"所占的面积最大，因此"面"的表现方式直接决定了版面的风格和气质。

1. 认识版式设计中的面

"面"是具有长度、宽度和形状的实体。在点、线、面这 3 种构成要素中，"点""线"既有功能性又有装饰性，但都不是画面中的主角而是辅助元素，虽然它们并不是版面中的主角，但它们不可或缺。版面中的主角是"面"，设计师对版面中"面"的刻画和表现，决定了所设计的版面的风格和气质。

> **提示**
>
> "面"是"点"的密集或"线"的移动轨迹。在版式设计中，视觉效果中点的扩大与平面集合，或线的宽度增加与平移、翻转，均可产生面的感觉。直线的变化可以产生正方形、长方形、圆形及其他形状。

（1）一个面

作为设计中一种重要的符号语言，"面"被广泛地运用于设计当中。如果在一个版面中只有一个"面"，那么它是整个版面中当之无愧的主角，也是整个版面中需要重点突出表现的内容。图 1-42 所示为只包含一个面的版式设计。

图1-42 只包含一个面的版式设计

（2）两个面

即使一部电影中有两个主角，戏份也会分轻重，版式设计也是相同的道理。在版面中某一个元素很重要，那么在设计时就让它在版面中所占的面积大一些，另一个元素相对没那么重要，就让它在版面中所占的面积小一些。图 1-43 所示为包含两个面的版式设计。

图1-43 包含两个面的版式设计

（3）多个面

在一个版面中还可以同时存在多个"面"，但是同样也要分清主次，重要的元素就让它在版面中所占的面积大一些，次要的元素就在版面中占的面积小一些。多个"面"构成的版面能够给人一种丰富和有层次感的视觉效果。图 1-44 所示为包含多个面的版式设计。

图1-44 包含多个面的版式设计

2. 面的表现形态

不同形态的"面"会给人带来不同的心理感受，在设计表现时需要注意"面"的形态对人的心理感受和版式设计整体格调所起的主导作用。根据"面"的不同形状，"面"的形态会产生很多变化，主要可以分为方形、曲线形、三角形和不规则形。

（1）方形

在版式设计过程中，方形元素或方形排列可以使版面呈现出安定的秩序感，有平稳、理性的视觉效果。方形的这种"面"，需要图片很有创意，或者图片很精美才会让整个版面看起来视觉效果突出。所以在设计实战中，如果客户提供的照片很精美或者具有很强的视觉冲击力，不妨采用简单的设计，只使用点、线、面的设计元素来烘托图片的精美即可。图 1-45 所示为版式设计中方形面的表现。

该画册内页的主题是介绍城市的生态环境，所以选择该城市具有代表性的自然风光照片作为满版跨页图片。虽然是简洁的方形图片，但由于其本身非常精美，并且能够表现该版面的主题内容，能够烘托版面的意境，所以具有丰富的视觉效果。

图1-45 版式设计中方形面的表现

（2）曲线形

曲线形的"面"，可以呈现出柔软、饱满的视觉特征。几何曲线具有秩序感，显得比较规整，而自由曲线比较随意，富有魅力和人情味。图 1-46 所示为版式设计中曲线形面的表现。

图1-46 版式设计中曲线形面的表现

在该海报的版式设计中，版面明确区分为左右两个平滑曲线形面，表现出柔软、轻松的感觉。版面中的两个曲线形面采用对比色调，使版面具有很强的视觉冲击力。

（3）三角形

方形的"面"在版面中会显得比较普通甚至是呆板，除非方形图片的表现效果非常突出，能够对版面起到有效的烘托作用，否则版面就会显得没有活力。而在版面中加入三角形元素能很好地解决这个问题，使版面显得灵动、有活力。图 1-47 所示为版式设计中三角形面的表现。

（4）不规则形

此处所说的不规则形是指在版面中对图片素材进行退底处理，也就是我们常说的"抠图"，把图片中的重点元素抠出来放在版面中心，目的是展示元素的造型与独特气质，同时也可以使版面显得更加生动、厚实。图 1-48 所示为版式设计中不规则形面的表现。

该杂志版面使用三角形作为版面的主要构成元素，可以将多个面看作一个几何形的"面"，也可以看作是多个独立的"面"，版面的表现方式灵活、别致。

该海报的版式设计，将退底处理的人物头像放在版面中心，并结合色块与线框图形，使版面表现出独特的个性和空间感，自然、淳朴且充满生命力。

图1-47 版式设计中三角形面的表现

图1-48 版式设计中不规则形面的表现

1.5 版式设计的发展趋势

随着科技的发展和信息社会的到来，各种媒体不断迭代更新。数字媒体传递方式的多样化，已使其成为当今最具吸引力的版面构成因素。作为现代艺术设计的一种，版式设计已经成为世界性视觉传达的公共语言，其发展趋势呈现以下几个特点。

1.5.1 强调创意

平面设计中的创意分为两种，一种是针对主题思想的创意；另一种是版面编排设计形式的创意。将主题思想的创意与编排技巧相结合的表现方式，已经成为现代版式设计的发展趋势。在版面编排的创意表现中，文字的编排具有强大的表现力，它生动、直观，富有艺术表现力与传达力。文字与图形的配置已经不再是简单的、平淡的组合关系，而是更具有积极的参与性和创意表现性，通过构思新颖的编排创意达成最佳配置关系来共同表达思想及情感，为设计注入更深的内涵和情趣。这是对编排形式的深化及形式与内容完美匹配的呈现。图 1-49 所示为富有创意的版式设计。

该杂志版面的设计并没有使用任何图形，而是完全使用了文字进行设计，将文字内容以酒瓶的形状进行排版，与该版面的内容相呼应，极具创意。

该海报的版式设计，将绿色蔬菜处理为丛林，将肉制品处理为山峰，构成一幅美妙的大自然景象，富有创意，给受众一种产品新鲜、自然的感受。

图1-49 富有创意的版式设计

1.5.2 突出个性

在版式设计中，追求新颖独特的个性表现，有意制造某种神秘，打破规则的空间，或者以幽默、风趣的表现形式来吸引读者、引起共鸣，是现代版式设计在艺术风格上的流行趋势。

每种设计潮流的发展和共识，都离不开对新风格无止境地追求。版式设计中的文字除有效传达信息外，通过巧妙的设计还能更好地吸引受众的目光。图形则可以有效利用其本身的趣味性进行巧妙编排和配置，以营造出一种妙不可言的版面氛围。而色彩在经过巧妙组织后，则能够使版面产生神奇美妙的视觉效果。图 1-50 所示为个性化的版式设计。

该杂志内页的版式设计，使用黑白人物头像作为满版背景，在局部位置点缀黄色的线框与文字，使版面的表现效果鲜明、突出，富有个性，给人留下深刻印象。

该版面设计将矩形色块覆盖在人物与背景上，使人物与背景融为一体。文字内容放在版面的右侧，通过使用不同的字体大小和颜色来区分不同的内容，清晰、易读。

图1-50 个性化的版式设计

提 示

文字、图形和色彩的独特编排，给版面注入了深刻的内涵，使其进入了一个更新、更高的境界，摆脱了陈旧与平庸，为设计注入了新的生命与活力。

1.5.3 传递情感

"以情动人"是艺术创作中奉行的原则。从当今世界上各大媒体的发展趋势来看，版面编排在表现形式上正朝着艺术性、娱乐性、亲和性的方向发展。由过去那种千篇一律、硬性说教、重视合理性，过渡到注重新文化、新艺术、新感受、新情趣，更加具有魅力。这种极具人情味的观赏性与趣味性，能迅速吸引观众的注意力，激发人们的兴趣，从而达到以情动人的目的。

在版面编排中，文字的表述与编排最能体现情感。文字在版面中不同的位置上，体现了不同的感情因素，如轻快、凝重、舒缓、激昂等。另外，在版面空间结构上，水平、对称的结构给人一种严谨与理性的感觉；曲线与散点的结构给人一种自由、轻快、热情与浪漫的感觉。此外，在图片的编排上，满版图片使人感情舒展，框版图片低调，黑白图片庄重、理性等。合理运用编排的原理来准确传达情感，正是版式设计更高层次的艺术表现方向。图 1-51 所示为文字在版式设计中的情感表现。

该话剧演出宣传海报，在版面的中心位置使用大号的毛笔字体来表现主题内容，字体几乎占据了整个海报版面，并且与版面背景的黄色形成鲜明的对比，视觉效果突出，整个版面给人一种大气磅礴的感觉。

在该展览海报的版式设计中，主题文字以竖排方式表现，并且对主题文字的相关笔画进行了替换和变形，并加入水墨风格肌理，使得主题文字的表现更符合该展览活动的主题。版面中大面积的留白处理，使得主题非常突出，并具有极强的艺术感。

图1-51 文字在版式设计中的情感表现

1.5.4 突破技术

　　21世纪是数码产品的时代。现代版式设计势必也会受到意识形态、艺术表现的影响，并随着技术的变革进入全新的时代。电视媒体动态化的视觉表现，对版式设计造成强烈的冲击，给版式设计带来了实现创意的无限潜能。版式设计以往通常是在二维平面中进行创作，在经历二维平面程式化的设计之后，设计师们开始探索新的界面，力求拓展思维空间。

　　而新媒体的崭新手法，不仅使人与人之间联系的方式发生变革，也渗透到视觉设计领域。运用计算机对影像进行合成、透叠、旋转、添加滤镜等处理，形成了一个多维空间版面，人的想象随着时空概念的变化而延伸。这种构成方式，使版式设计不再是一个简单、单一的构成关系，而逐渐从二维平面向三维空间延展，构成了多视点、矛盾性的空间层次，以此刺激观者，产生了前所未有的艺术形式。正是这种无限的表现手段，使人从以往大量手工的操作中解脱出来，从而有更多的时间进行多种形式的创意和思考。此外，日益细分的市场、个性化的品牌也产生出无数使人耳目一新的版式设计风格。这将成为当今版面构成的又一发展趋势。图1-52所示为表现出立体空间感的版式设计。

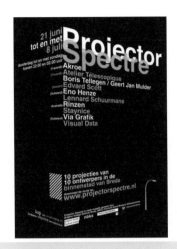

该宣传海报的版式设计，使用黑色作为背景色，通过对文字内容的倾斜排版处理，使得版面整体表现出强烈的三维立体空间感，具有很强的视觉表现力。	该海报的版式设计，使用黑色作为背景色，通过多条不同颜色的色块图形与主题文字相连接，仿佛主题文字向四面八方投射，使得版面具有很强的层次感和空间感。

图1-52 表现出立体空间感的版式设计

上述各种因素都促使版式设计从传统以强调平衡、调和向现今的律动、比例过渡，创造出更强烈的视觉冲击效果及理性的构成比例，来适应现代社会海量信息的传播和快节奏的生活。在新的时代背景下，在网络信息、市场交流和中外文化交流日益频繁的条件下，版式设计将焕发出新的生机与活力。

1.6 总结与扩展

版式设计是现代艺术设计的重要组成部分，是视觉传达的重要手段，表面上看，它是一种关于编排的学问，实际上，它不仅是一种技能，更是技术与艺术的高度统一。

1.6.1 本章小结

本章通过对版式设计相关基础知识的讲解与分析，一方面希望读者能够了解版式设计的相关知识，在进行版式设计时，大家可以根据版面的表现效果来选择合适的表现方式；另一方面弘扬精益求精的专业精神、职业精神和工匠精神，培养学生的创新意识。

1.6.2 知识扩展——版式设计的艺术实践

在我们赖以生存的空间中，无论是在嘈杂的公共环境，还是在温馨的家庭居室，随时随地都可以找到新颖、离奇或是陈旧、蹩脚的版式设计：从大街小巷的标牌文字，到无孔不入的广告版面；从争奇斗艳的商品包装，到良莠不齐的书刊报纸……我们无时无刻不处在所谓视觉信息的包围中。可以说，版式设计是现代社会信息传播中不可或缺的重要组成部分。

优秀的版式设计，既能引导、左右人们的视线，又能让人在接受它所传递的信息的同时，受到情趣的感染或创意的启迪；低劣的版式设计，既不能引发人们进一步探索的兴致，也达不到基本的传播信息的目的，更不要说艺术的熏陶或思维的开拓了。图 1-53 所示为优秀的版式设计。

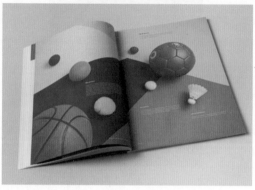

图1-53 优秀的版式设计

版式设计是艺术设计的基础，是平面设计的一个重要组成部分。对设计者来说版式设计是由基础向专业设计过渡的、承前启后的重要内容，它是广告设计、装帧设计、包装设计、VI 设计等课程的前期铺垫。设计者对版式设计驾驭能力的强弱，直接影响其设计水平的发挥。

一幅作品集中了设计者的智慧、情感与想象力。巧妙运用各种文字、图形，设计者使它们按照视觉美感和内容的逻辑统一起来，形成一个具有视觉魅力的作品。一个被设计者赋予情感的作品，是最能够打动观者的作品。

第2章
卡片版式设计

　　在当今社会，卡片作为一种基本的交际工具在商业活动中被广泛使用。卡片作为个人或企业的形象代表，除了需要用简要的方式向受众介绍个人或企业，还需要通过独特的设计和清晰的思路来达到宣传的目的。本章将介绍有关卡片版式设计的相关知识和内容，并通过对商业案例的分析讲解，使读者能够更深入地理解卡片版式设计的方法和技巧。

2.1 卡片版式设计概述

卡片设计与一般的平面设计有所不同。通常平面设计的幅面较大，可以给设计师足够的表现空间；而卡片设计的幅面较小，因此要求设计师在保证信息内容完整的前提下还要考虑美观性。

2.1.1 卡片版式的构成要素

卡片版式设计的构成要素是指构成卡片的各种素材，一般包括标志、图案和文字信息等，如图2-1 所示。可以将这些构成要素大致分为两大类：造型构成要素和方案构成要素。

图2-1 卡片版式的构成要素

1. 造型构成要素

① 轮廓：卡片的形状。大多数卡片都是矩形或圆角矩形的，也会有各种追求个性的异形卡片。

② 标志：企业 Logo 或使用图案与文字设计并注册的商标。

③ 图案：形成卡片特有风格和结构的各种辅助图形、色块与素材。

2. 方案构成要素

① 名片持有者的姓名和职务。

② 名片持有者的单位及地址。

③ 名片持有者所属企业或品牌标志。

④ 通信方式。

⑤ 业务领域或服务范围等信息。

2.1.2 卡片版式的构图方式

卡片最重要的作用是便于记忆，具有很强的识别性，让人在最短的时间内获得所需要的信息。卡片版式设计必须做到文字简明扼要、字体层次分明，设计感强、风格新颖。

卡片版式的构图通常有长方形、椭圆形、半圆形、稳定型、三角形、标志文案左右对称型、斜置型、三轴线型、中轴线型、不对称轴线型等多种构图方式。图 2-2 所示为常见的横版和竖版构图卡片。

图2-2 常见的横版和竖版构图卡片

卡片的视觉流程受视觉的主从关系影响，通常卡片的主题是卡片的视觉中心，其次是主题的辅助说明，最后是标志和图案。如果是横版构图，人的视线是左右流动的；如果是竖版构图，人的视线是上下流动的。

2.1.3 卡片版式的设计要求

卡片版式设计的基本要求可以概括为三个字：简、功、易。

① 简：卡片传递的主要信息要简明清晰，版式构图要完整明了。

② 功：注重设计、传播效果，尽可能使所传递的信息明确。

③ 易：便于记忆，易于识别。

除了以上 3 点基本要求，还可以在以下几个方面对卡片版式设计提出要求。

1. 设计简洁，突出重点信息

卡片中最重要的内容就是版面中的文字信息，用户可以通过这些文字了解个人和企业的相关信息，以及如何与卡片的主人取得联系。简洁的设计风格可以最大程度地突出这些文字信息内容，让别人能够更快地记住卡片中的信息。

在卡片版式设计中可以使用大量的留白来体现简洁，但留白不一定是纯白色。此外还要注意文字和背景的对比应该足够大，还可以通过字体设计，使文字信息表现得更醒目一些。图 2-3 所示为设计简洁的卡片。

图2-3 设计简洁的卡片

2. 富有个性、与众不同

要做到与众不同，首先必须做好定位，卡片的风格要与公司或持有者的形象、职务、业务领域等协调。其次，可以将卡片的外形轮廓设计得独特、有趣一些。例如，可以设计成不规则的形状，或者设计成折叠式的，从而给人留下深刻的印象。图 2-4 所示为富有个性的卡片设计。

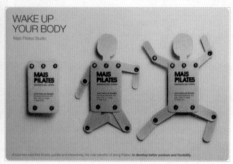

图2-4 富有个性的卡片设计

3．体现趣味和时尚

一张构思精妙、细节完善的卡片会为持有者增色不少，能够给客户留下深刻的印象，吸引用户的注意力。现在很流行将名片设计成与自己职业有关的物体，如厨师的刀叉、理发师的梳子、歌手的麦克风等，这样的设计会使卡片紧跟时代潮流，具有很强的趣味性。图 2-5 所示为有趣、时尚的卡片设计。

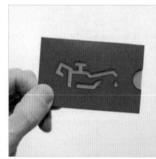

图2-5 有趣、时尚的卡片设计

4．多使用色彩和图像

卡片有正反两个版面，可以将一面设计得丰富多彩一些，使用色彩、图像等，另一面设计得简洁一些，用于传递信息，这样就可以确保卡片既有较强的视觉吸引力，又非常实用。图 2-6 所示为色彩和图像丰富的卡片设计。

图2-6 色彩和图像丰富的卡片设计

2.2 名片的版式设计

名片的版式设计以直观、简洁为主。为了突出版面中的信息内容，可以使用纯色作为版面的背景，也可以使用一些辅助性的背景纹理图案来达到直观、大方的视觉效果。

2.2.1 案例分析

本案例是一个房地产企业名片的版式设计。名片背景通过使用三角形的拼接组成一种富有现代感的几何纹理，版面中的元素采用左右横向构图排版，左侧为企业 Logo、名称和宣传口号，右侧为持有人的相关信息，中间以竖线分割，版面布局稳定、理性，不仅使整个名片内容的表现更加简洁、有力，而且能够更好地展示企业形象。

企业名片版式设计的最终效果如图 2-7 所示。

图2-7 企业名片版式设计的最终效果

2.2.2 配色分析

房地产企业名片的正面和反面使用了不同的主色调。名片正面使用接近白色的浅灰色作为主色调，浅灰色给人一种纯净、简洁和高档的感觉，在浅灰色的背景中搭配金棕色的文字，体现出一种高贵的气质。名片反面使用深蓝色作为主色调，同样搭配金棕色的文字，显得沉稳、大气。名片正面和反面使用不同的色彩，给人带来不同的视觉效果。

该企业名片版式设计的主要配色如图 2-8 所示。

RGB（246、246、246）	RGB（149、99、61）	RGB（18、41、80）
CMYK（4、3、3、0）	CMYK（47、66、82、6）	CMYK（100、94、53、24）

图2-8 企业名片版式设计的主要配色

2.2.3 版式设计进阶记录

企业名片的版式设计需要考虑整体的布局，突出名片中需要表达的重点内容，画面中所有元素都应该以此为基础考虑和设计，体现出与企业文化相符的气质。

图 2-9 所示为该企业名片版式设计初稿的效果。

图2-9 企业名片版式设计初稿的效果

在纯色背景上对企业 Logo 和相关信息内容进行排版，视觉效果清晰，但显得过于单调，文字内容缺乏层次。

图 2-10 所示为该企业名片版式设计的最终效果。

图2-10 企业名片版式设计的最终效果

在名片的正面和反面的背景中都加入几何图形纹理，使名片的视觉表现效果更具有现代感。版面中文字内容根据信息的重要程度分别应用不同大小和粗细的字体进行表现，使文字内容具有层次感。

🔶 设计初稿：版面单调，文字排版没有主次

使用不同的颜色作为名片正、反面的背景色，有效区分正、反面。版面中持有者信息的文字内容使用相同的字号和笔画粗细排列在一起，没有主次，缺乏层次。图 2-11 所示为企业名片版式设计初稿所存在的问题。

1. 正面背景色使用纯色，简洁，但过于单调，没有体现层次感。

2. 名片中的持有者信息使用相同的字体和字号进行展示，不能有效突出重点信息，文字缺乏层次感。

3. 反面使用蓝色到深蓝色的渐变，同样显得单调。

4. 企业 Logo 和名称与下方的宣传口号文字之间缺少分隔，版面信息层次不够分明。

图2-11 企业名片版式设计初稿所存在的问题

🔶 最终效果：版面表现出现代感，文字排版主次分明

为了使名片表现出现代感，在名片的背景中加入几何图形纹理，有效丰富了背景的视觉表现效果，使版面更具层次感。版面中的文字内容根据信息的重要程度分别使用了不同字号和粗细的字体，主次分明。图 2-12 所示为企业名片版式设计的最终效果。

1. 在名片的正面背景中加入几何图形纹理，使名片具有很强的层次感和现代感，同时不会影响版面信息的显示效果。

2. 持有者信息文字内容使用不同的字体、字号和粗细进行设置，有效突出重点信息，并且文字之间体现出一定的层次感。

图2-12 企业名片版式设计的最终效果

3. 名片反面的背景同样加入几何图形纹理，与名片正面背景保持相同的风格。

4. 在企业Logo、名称与下方的经营理念之间使用弧状图形进行分隔，素材的视觉效果仿佛天际线，与宣传口号吻合。

图2-12 企业名片版式设计的最终效果(续)

2.2.4 名片版式设计赏析

分析过企业名片版式设计进阶过程后，本节将提供一些优秀的名片版式设计供读者欣赏，如图2-13所示。

该名片具有很强的复古风格，使用竖排方式在版面的右侧和左侧分别放置相应的内容，传统图案和后期印刷工艺的处理，使该名片具有很强的传统文化韵味。

该名片将扁平化设计风格应用到名片版式设计中，纯色的对比效果非常强烈，长阴影效果的应用使版面具有很强的立体空间感。版面中内容的排版简洁，关键信息令人印象深刻。

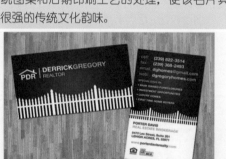

该名片正面采用横版设计，在左上角放置Logo和企业名称，底部的图形表现出该行业的特点。背面采用了竖版的方式，通过色块将版面划分为上下两个部分，与正面形成统一的风格。

该名片使用纯色作为背景色，并使用Logo图形作为背景底纹。版面左侧为企业Logo和名称，右侧为相关的信息内容，中间以竖线进行分割，合理的文字布局能更好地展现企业形象。

图2-13 名片版式设计赏析

2.2.5 版式设计小知识——版式设计的作用

如果说设计是社会文化发展中人类意识的一种实现过程，那么版式设计就是人们在版面的信息传递过程中体现出来的一种艺术行为和文化行为。当代社会在追求美的同时，也在追求速度；生活节奏和经济发展的加快，印刷系统和技术的改进，使作品从设计制作到分色印刷轻易就能做到图文并茂、一目了然，各种信息能够最快地通过精美的印刷传递出去，于是版式设计就成为不容忽视、不可缺少的重要环节。

在商业设计中，版式设计是一个建立在准确功能诉求与市场定位基础之上，以有效传播为导向的视觉传达艺术。它将营销策略转化为一种能与消费者建立起沟通的具体视觉表现，通过将图、文、色等基本设计元素进行富有形式感及个性化的编排组合，以激发人们的兴趣去感受事物，并说服人们相信这些事物。如今的版式设计范围涉及书籍、画册、杂志、报纸、产品说明书、海报、广告、包装、卡片、UI 等各个设计领域，如图 2-14 所示。

图2-14 不同载体的版式设计

文字的排版设计主要包含文字、图片、插图、线条、图表、色彩等元素之间的配合，更细一点的还包括字体、字号的确定，标题、表格的设计等，如图 2-15 所示。版式设计是在一定的版面中，确定文字的排版形式，文字的间距，插图或表格的大小、位置，版面装饰物及色彩的运用等。

图2-15 不同的文字排版设计

如今的版式设计已经打破了原有的单纯编排技巧，通过设计的视觉化与形象化，传递着现代文化理念、特定秩序、美感体验等丰富的信息，以引起读者的关注，为不同媒体增添更多的附加值。其设计原理和理念贯穿于每一个作品设计的始终，目的是更好地传达信息内容，使消费者在第一时间感知信息。图 2-16 所示为激发读者关注的版式设计。

图2-16 激发读者关注的版式设计

2.3 会员储值卡的版式设计

卡片是企业形象和文化宣传的一种重要方式，在发达的市场经济中已成为不可或缺的一种宣传潮流。会员卡的版式设计与名片的版式设计非常相似，需要在有限的版面空间中充分体现出该卡片的核心主题。

2.3.1 案例分析

本案例是设计一个书店的会员储值卡，版面中的信息内容较少，在储值卡的正面中心位置对信息内容进行排版处理，包括书店的 Logo 和名称、主营图书类型和"储值卡"字样，按信息的重要程度，分别使用不同的字号、粗细和颜色来设置文字，使得文字信息的表现层次分明、主题突出。在版面的下方添加书籍素材图形，不仅丰富了卡片的视觉表现效果，而且突出了该店铺的行业分类。在该储值卡的背面除了对说明性文字进行排版，也在版面一侧添加了书籍图形装饰，与卡片正面形成呼应。

该会员储值卡版式设计的最终效果如图 2-17 所示。

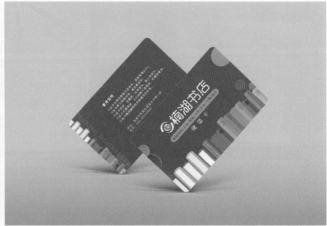

图2-17 会员储值卡版式设计的最终效果

2.3.2 配色分析

　　该储值卡的版式设计，使用高饱和度的蓝色作为主色调。蓝色给人一种科技、坚定的视觉印象，契合书店给人的理性印象。在版面中点缀了多种颜色的装饰图形和书籍图形，使版面的视觉效果更加丰富。白色的书店名称和 Logo 在蓝色背景上清晰易读，点缀少量高饱和度的黄色文字，与蓝色背景形成冷暖对比，视觉表现力强，同时也营造出轻松活跃的视觉氛围。

　　该会员储值卡版式设计的主要配色如图 2-18 所示。

RGB（37、55、146）　　　　RGB（255、255、255）　　　　RGB（255、241、0）

CMYK（96、89、10、0）　　　CMYK（0、0、0、0）　　　　CMYK（7、3、86、0）

图2-18 会员储值卡版式设计的主要配色

2.3.3 版式设计进阶记录

　　各行各业都会推出各种类型的卡片，卡片已经成为一种企业形象宣传的重要方式。卡片的设计应该以简洁为主，需要能够突出表现行业或产品的特点，通过流畅的视觉流程来吸引消费者。

　　图 2-19 所示为该会员储值卡版式设计初稿的效果。

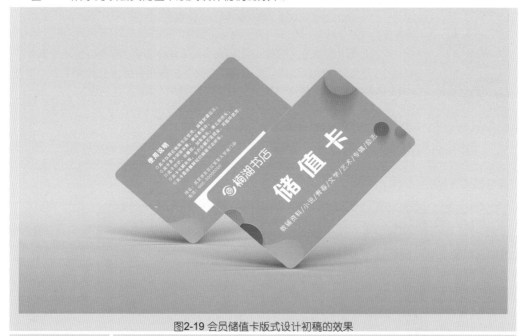

图2-19 会员储值卡版式设计初稿的效果

　　将书店的 Logo 和名称放在卡片的左上角，中间以大号加粗字体来表现"储值卡"文字。视觉效果最突出的是"储值卡"文字，主题不明确，同时该卡片的版式设计也无法体现该行业的所属分类。

图 2-20 所示为会员储值卡版式设计的最终效果。

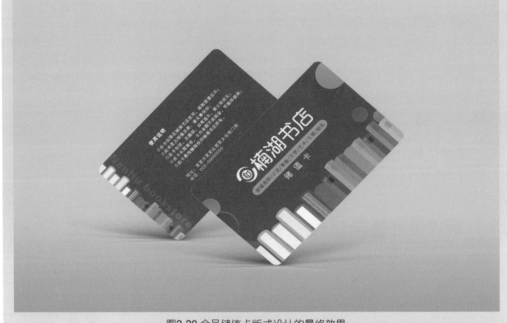

图2-20 会员储值卡版式设计的最终效果

在该卡片底部加入书籍装饰图形，不仅丰富了版面的视觉表现效果，并且突出了行业的特点。将版面中的所有文字信息内容都放在版面中心，并且将书店名称和 Logo 放大，有效突出其表现效果，体现出信息层次。

🔴 设计初稿：主次不清，没有突出行业特点

将书店 Logo 和名称放在版面左上角，"储值卡"文字以大号加粗字体进行表现并放在版面中心，但这导致信息主次不分，并且该卡片的版式设计也无法突出行业分类。图 2-21 所示为会员储值卡版式设计初稿所存在的问题。

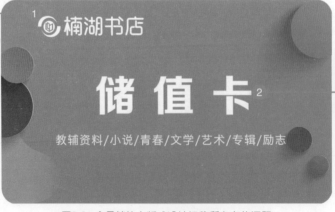

1. 将书店 Logo 和名称放在版面左上角，并且其字号比"储值卡"要小很多，视觉上被弱化，主次不分。

2. 版式设计简单，虽然文字信息内容突出，但无法体现出书店的行业分类，从而导致整个卡片的版式设计没有特点。

图2-21 会员储值卡版式设计初稿所存在的问题

3. 卡片背面使用高饱和度的橙色作为主色调，橙色给人一种热情、活跃的感觉，与书店需要体现的形象不符。

图2-21 会员储值卡版式设计初稿所存在的问题（续）

👍 最终效果：主题突出，行业分类明显

将卡片中的信息内容统一放在版面的中心位置，通过不同的字体大小、颜色等表现方式，使文字呈现出层次感并重点突出书店名称。在版面中加入与书店行业相关的图形素材进行点缀，丰富了版面的视觉表现效果。图 2-22 所示为会员储值卡版式设计的最终效果。

1. 将信息内容集中在版面中心，通过使用不同的字号、颜色，使信息层次清晰，主次分明。

2. 在版面中加入书籍装饰图形，不仅丰富了卡片的视觉表现效果，同时也体现出行业分类。

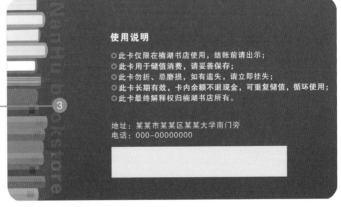

3. 使用高饱和度的蓝色作为卡片的主色调，给人带来冷静、理性的感受。

图2-22 会员储值卡版式设计的最终效果

2.3.4 会员卡版式设计赏析

分析过会员储值卡版式设计进阶过程后，本节将提供一些优秀的会员卡版式设计供读者欣赏，如图 2-23 所示。

该卡片的版式设计抓住该企业产品的特点，使用各种水果和蔬菜在版面中进行组合，很好地突出了主题内容。版面中的文字使用绿色，突出产品的新鲜与自然。

该娱乐场所卡片使用多种高饱和度的矩形色块构成卡片的背景，将卡通人物形象作为主体图形，卡片版面设计五彩缤纷，营造出一种轻松、愉快、欢乐的氛围。

该企业会员卡针对不同的会员级别设计了不同的配色方案，但设计风格和图案表现都采用了统一的形式，使其整体形象统一。

该卡片版式设计采用上下构图方式：在上部居中位置放置品牌 Logo 和主题文字，显得精致而简约；底部绘制酒瓶形状图形，结合葡萄图案和品牌英文名称，突出了主题并体现了店铺的主营范围，具有很好的识别效果。

图2-23 会员卡版式设计赏析

2.3.5 版式设计小知识——版式设计的目的和意义

为了有效地交流与沟通，人们需要清晰地表达思想，版式设计的第一个目的正是促成清晰有效的信息传递。为了更好地表达自己，必须找到并运用最合适的表达形式，让受众主动而非被动地接收信息，这是版式设计所具有的深层次的功能与意义。

平面设计离不开版式设计，这是平面设计的基础。版式设计的构成要素包括文字、图形、图像、色彩、线条等，但设计不是对这些要素的简单罗列，而是要斟酌安排，使之具有形式美。版式设计的作用并不显现在表面上，它决定着设计的基本结构及设计的基调，设计中的结构是内敛而隐形的，它藏匿在漂亮而感性的图片背后，无声地体现着设计中理性的规范。图2-24所示为报纸和杂志的版式设计。

图2-24 报纸和杂志的版式设计

版式设计的灵魂是版式传递的信息是否清晰，版式编排是否新颖、有吸引力。在保证经济效益的同时，应该注重精神生活的质量，因此应该强调个性的发挥。作为一种现代设计艺术的版式设计已成为视觉传达的公共方式，为人们建构新的思想和文化观念提供了信息源，成为人们理解社会的重要界面，它注重激发读者的激情，以轻松、自然、有趣和亲切的艺术形式，将画面深入读者内心。图2-25所示为菜单折页和画册内页的版式设计。

图2-25 菜单折页和画册内页的版式设计

2.4 总结与扩展

卡片最重要的作用是便于记忆，因此其要有很强的识别性，让读者在最短的时间内获得所需要的信息。卡片的版式设计必须做到简洁明了、层次分明、设计感强、风格新颖。

2.4.1 本章小结

本章通过对卡片版式设计的讲解与分析，希望读者能够理解卡片版式的设计表现方法和技巧，通过出色的卡片版式设计突出表现卡片的视觉效果和主题内容，同时提升相关设计从业人员的职业素养。

2.4.2 知识扩展——版式设计的内容

在现代设计中，版式设计的重点是对平面编排设计规律和方法的掌握运用，其主要内容包括以下几个方面。

1. 对视觉要素与构成要素的认识

视觉要素和构成要素是版式设计的基本造型语汇，就像建房用的砖瓦，它们是组成设计的基础。视觉要素包括形的各种变化和组合、色彩与色调等；构成要素则包含空间、动势等组合画面。对视觉要素与构成要素的认知与把握，是开展版式设计的第一步。

2. 对版式设计规律和方法的认知与实践

版式设计构成规律和方法是对平面编排设计多种基础性构成法则的总结，与视觉要素和构成要素的关系就像语言学中的语汇和语法。这其中包括了以感性判断为主和以理性分析为主的设计方法，对构成规律和方法的认知与实践是掌握版式设计的关键。

3. 对版式设计内容与形式关系的认知

正确认识和把握形式和内容的关系是设计创作的基本问题。内容决定形式是设计发展的基本规律。设计的形式受审美、经济和技术要素的影响，但最重要的影响要素是设计对象本身的特征。理解内容与形式的关系，运用恰当形式将内容表现出来是平面设计专业学习的基本课题。

4. 对多种应用性设计形式特点的认知与实践

设计对象的种类很多，其在功能、形式上又有很大的区别，因此在版式设计过程中应该清楚地认识和把握各种应用性设计（海报、广告、杂志、画册、网站 UI、报纸等）的特点。图 2-26 所示为应用性的版式设计。

海报

广告

杂志

图2-26 应用性的版式设计

画册

网站 UI

图2-26 应用性的版式设计（续）

第3章
海报版式设计

　　作为一种大众化的宣传工具，海报的画面需要具有较强的视觉冲击力，才能吸引受众的关注。海报的表现形式多种多样，其题材广泛，限制较少，海报版面的构图应该让人赏心悦目，能够在视觉上给人留下美好的印象。本章将介绍海报版式设计的相关知识和内容，并通过对商业案例的分析讲解，使读者能够更加深入地理解海报版式设计的方法和技巧。

3.1 海报版式设计概述

海报也叫"招贴",其英文名为 poster,是指在公共场所,以张贴或散发形式实现传播价值的一种印刷品广告。海报具有发布时间短、时效强、印刷精美、视觉冲击力强、成本低廉、对发布环境的要求较低等特点。其内容必须真实、准确,语言要生动并具有吸引力,文字篇幅短小,可以根据内容需要搭配适当的图案或图画,以增强感染力。

3.1.1 海报版式的特点

创意是海报的生命和灵魂,海报设计的核心是海报的主题要突出并具有深刻的内涵。海报最主要的特征之一,就是瞬间吸引受众眼球并引起受众心理上的共鸣,并将信息迅速、准确地传达给受众。这也是海报能否获得成功的关键因素。图 3-1 所示为富有创意的海报设计。

图3-1 富有创意的海报设计

设计海报作品,需要注意以下几点。

1. 版式尺寸大

海报需要张贴,海报的展示效果会受周围环境和各种因素的干扰,所以必须以大画面及突出的形象和色彩展现在人们面前。

海报版式的常用尺寸有 130mm×180mm、190mm×250mm、300mm×420mm、420mm×570mm、500mm×700mm、600mm×900mm、700mm×1000mm,如图 3-2 所示。但是海报的版式尺寸不能一概而论,要考虑其展示环境等因素。例如,目前有些海报只需要在移动设备屏幕上展示,这就需要根据移动设备的屏幕尺寸来设计海报。

(130mm × 180mm)　　　(190mm × 250mm)　　　(300mm × 420mm)

以12.5%比例缩放显示时的大小

图3-2 常用海报版式尺寸

(420mm × 570mm)　　(500mm × 700mm)　　(600mm × 900mm)　　(700mm × 1000mm)

以5%比例缩放显示时的大小

图3-2 常用海报版式尺寸（续）

提 示

海报常用的尺寸是420mm × 570mm、500mm × 700mm。由于海报多数是用制版的方式进行印刷，供在公共场所和商店内外张贴，在设计时应尽量使其分辨率达到300dpi，从而保证印刷的质量。

2. 远视感强

海报的展示环境复杂，如何一眼就能吸引受众关注是海报版式设计的重点，这就要求海报具有良好的远视感，即在较远的距离也能够轻松获取海报的主题信息。在海报版式设计中可以通过突出商标、标志、标题、图形或采用对比强烈的色彩、大面积的空白及简练的视觉流程使海报主题成为视觉焦点，这样可以给来去匆忙的人们留下深刻的印象。图 3-3 所示为远视感强烈的商业海报设计。

图3-3 远视感强烈的商业海报设计

3. 艺术性高

从整体来看，海报可以分为商业海报和非商业海报两大类。

商业海报多以富有艺术表现力的摄影、写实的绘画或漫画为主的形式进行表现，给受众留下真实、感人的印象或给人幽默、情趣的感受。

而非商业海报内容广泛、形式多样、艺术表现力强，尤其是文化艺术类海报。设计师根据海报主题充分发挥想象力，尽情运用艺术手段，在设计中加入自己的绘画语言，设计出风格各异、形式多样的海报，如图 3-4 所示。

> **提 示**
>
> 在海报版式设计中，要先确定主题，再进行构图设计。海报的设计不仅要注意文字和图片的灵活运用，更要注重色彩的搭配。海报的构图不仅要吸引人，而且要传达较多的信息，从而达到宣传的目的。

图3-4 具有很强艺术感的海报设计

3.1.2 海报版式的构成要素

海报设计必须具有强的号召力与艺术感染力，要调动图形、文字、色彩、版式等因素形成强烈的视觉效果。简洁明了的设计便于记忆，讲述太多或过于抽象，都会使人感到不知所云，失去观赏兴趣。

1. 图形

图形是海报版式的主要构成要素，它能够形象地表现广告主题。海报中的创意图形是吸引受众目光的重点，它可以是黑白画、喷绘插画、手绘素描、摄影作品等，表现技法上有写实、超现实、卡通漫画等手法。在设计时，海报版面中的图形需紧紧环绕广告主题，凸显商品信息，以达到宣传的目的。图 3-5 所示为海报版式中的图形表现效果。

2. 文字

在海报版式中，文字扮演着举足轻重的角色，和图形相比，文字信息的传达更直接。

在现代海报设计中，许多设计师对文字的改进、创造、运用很用心，他们依靠有感染力的字体及文字编排方式，创造出一个又一个视觉惊喜。在这些海报的版面中，有文字的大小穿插、正反倒转、上下错位、字体混用、虚实变化等，丰富多变的编排形式构建了多层次、多角度的视觉空间，带来活泼、严肃、明亮、幽暗、安静等各种丰富情感。

文字的功能已由"表述信息"提升为"表现信息"，显现了前所未有的灵气，成为表达创意的有效手段。图 3-6 所示为海报版式中的文字编排效果。

该海报富有创意地将各种不同颜色和造型的泼墨效果与人物进行完美结合，使人物呈现出灵动、飘逸的气质，给人留下深刻的印象。

图3-5 海报版式中的图形表现效果

该海报的中间位置使用大号加粗字体来表现版面的主题，并且将主题文字与舞蹈人物结合，通过叠加处理，突出了主题文字，并且增强了版面的空间感。如果所设计的海报版面中有过多较小的字体或冗长的标题，这些都会妨碍读者对信息的快速获取，在设计过程中应该谨慎处理。

图3-6 海报版式中的文字编排效果

3．色彩

色彩有先声夺人的功能，海报版面的配色要契合主题、简洁明快、新颖有力。

海报版面配色的关键是对对比度、感知度的把握。相近的色彩搭配，感知度较弱，在远处观看或某些光线下，会显得朦胧、暧昧，影响辨认。图 3-7 所示为出色的海报版面配色。

4．版式

优秀的海报设计常采用自由版式，能够迅速抓住受众。

自由版式是对传统版式的解构与重构，而不是采用固有的思路与规律。自由版式没有传统版式的严谨对称，没有栏的条块分割，在对点、线、面等元素的组织中强调个性的发挥，追求版面多元化，如图 3-8 所示。

该运动鞋宣传海报使用黑色作为版面的背景色，给人一种高级感，并能够有效地突出版面中炫彩的运动鞋。通过为运动鞋添加不同色彩的曲线光束，充分体现该产品的动感与时尚。

该电影宣传海报的视觉效果非常突出，在版面中放置主角的剧照，并将其分割为大小、尺寸不一的方块。在不同的方块中放置电影中不同的人物和场景剧照，使版面表现丰富，引人入胜。

图3-7 出色的海报版面配色

图3-8 出色的海报版式设计

3.1.3 海报版式的设计流程

在海报版式设计过程中，常见的有借鉴和原创两种手法。借鉴是一种较为快速的方式，通过翻阅相关资料，挑选合适的形式、手法进行移植。而原创则需要凭借自己所学的知识和积累的经验，结合海报版式设计的法则进行全新的构思和构图，难度较大，但具有独创性。在通常情况下，海报版式设计会按照以下几个步骤进行。

1. 分析规划

调研并搜集产品的属性、名称、样式、标准色，以及商标、客户要求等，进行反复分析，从中确定创意的目标。准备与海报尺寸同一比例的缩小画纸，绘制出海报草图。

2. 确定方案

根据确定的草图，对图像、字体、字号、字距、行距、明暗、色彩等元素进行编排，以达到传达信息、表现艺术感、展现精美版面效果的目的。必须使信息的焦点突出，进行高度精练的表现，从而达到视觉冲击力强的效果，给人以简洁有力、生动形象的深刻印象。

3. 制作成品

确定了具体的方案后，需要在电脑上进行制作，最后送至印刷。

3.1.4 海报版式的设计要求

海报是以图形和文字为主体，以宣传观念、报道消息或推销产品等为目的的平面展示。设计海报时，首先要确定主题，再进行版式构图，最后使用技术手段制作出成品并充实完善。下面向大家介绍一些在海报版式设计中的要求。

1. 明确的主题

整幅海报应力求有鲜明的主题、新颖的构思和生动的表现，以快速、有效和美观的方式，达到传递信息的目的。任意一种广告对象都可能有多种特点，如果抓住其中一点着重表现，将形成一种感召力，促使读者对广告对象产生冲动，从而达到广告的目的。在设计海报时，要对广告对象的特点加以分析，仔细研究，选择其最具有代表性的特点。

2. 视觉吸引力

首先要针对对象和广告目的，采用正确的视觉形式；其次要正确运用对比的手法；第三，要善于通过不同的表现方式，创造富有新鲜感的版面；最后，在海报版式设计中，形式与内容应该具有一致性，这样才能使其具有强烈的吸引力。

3. 科学性和艺术性

随着科学技术的进步，海报的表现手段越来越丰富，海报版式设计也越来越具有科学性。然而，海报的受众是人，海报是通过艺术手段，按照美的规律去进行创作的，海报版式设计则在广告策划的指导下，用视觉语言传达各类信息。因此，它不是一门纯粹的科学。

4. 灵巧的构思

设计要有灵巧的构思，使作品能够传神达意，这样作品才具有生命力。通过必要的艺术构思，运用恰当的夸张和幽默手法，揭示产品未被发现的优点，从而拉近与消费者的情感距离，获得消费者的信任。

5. 用语精练

海报用语应富有情感，力求精练，使文字在广告中真正起到画龙点睛的作用。

6. 构图赏心悦目

海报的构图应该让人赏心悦目，给人留下美好的第一印象。

7. 内容的体现

设计一张海报除了考虑其尺寸，通常还需要掌握文字、图画、色彩等编排原则。标题文字与海报主题直接相关，因此除了使用醒目的字体、合适的字号，文字字数不宜太多，尤其还需关注文字的速读性与可读性，以及远看和边走边看的效果。

8. 自由的表现方式

海报版式的表现方式可以非常自由，但要有创意，这样才能吸引观赏者的注意力。除了使用插画或摄影，画面也可以使用几何抽象的图形来表现。海报颜色宜采用比较鲜明，并能衬托出主题的色彩，从而达到引人注目的目的。编排虽然没有一定格式，但是必须注意画面的美感，以及要符合视觉习惯，因此应该掌握形式原理，如均衡、比例、韵律、对比和调和等要素，同时也要注意版面的留白。图 3-9 所示为采用自由表现方式的海报版式设计。

图3-9 采用自由表现方式的海报版式设计

3.2 活动促销海报的版式设计

活动促销海报的版式设计通常需要突出表现促销活动的主题，并在海报中重点突出促销产品，使用户一眼就能看到产品的相关信息。

3.2.1 案例分析

本案例是设计一幅手机促销活动海报，运用灰色的背景搭配蓝色的不规则形状使版面具有时尚感。版式设计的重点在于对主题文字的表现，该海报对主题文字进行了变形处理，并且将主题文字设置为两种对比色，效果突出、抢眼，使读者能迅速明白该海报的主题。海报中的产品图片采用叠加的方式进行放置，使版面具有立体感和层次感。整个海报版式让人感觉简洁大方、主题突出，通过不规则几何形状图形与线条的运用，使画面产生很强的动感和时尚感。

该手机促销活动海报的最终效果如图 3-10 所示。

图3-10 手机促销海报的最终效果

3.2.2 配色分析

该手机促销活动海报使用浅灰色作为背景主色调。灰色是一种中性的颜色，可以表现出科技感与时尚感。版面中运用了多种鲜艳的颜色进行搭配，包括蓝色、洋红色和橙色，使得版面中的对比效果非常强烈，既能体现产品的多样化和功能的多元化，又能突出主题。整体色彩搭配绚丽多姿，给人留下时尚、有活力的印象。

该手机促销活动海报的主要配色如图 3-11 所示。

RGB（235、234、245）	RGB（0、160、232）	RGB（228、0、126）
CMYK（9、8、0、0）	CMYK（100、0、0、0）	CMYK（0、100、0、0）

图3-11 手机促销活动海报的主要配色

3.2.3 版式设计进阶记录

手机已经成为人们日常生活中必不可少的工具，手机市场的竞争也越来越激烈。优秀的手机促销海报能够很好地向消费者传递信息，引起消费者的购买欲望，从而达到产品促销的目的。

图 3-12 所示为手机促销活动海报版式设计初稿的效果。

图3-12 手机促销活动海报版式设计初稿的效果

为了使海报版面中的产品形象更加突出，海报使用了纯色背景，文字采用了默认的样式。

图 3-13 所示为该手机促销活动海报最终的版式设计效果。

图3-13 手机促销活动海报最终的版式设计效果

　　　　　在海报背景中适当加入一些装饰性元素，使版面视觉表现更具有现代感。
对海报主题文字进行变形处理，主题表现更加突出。

🖒 设计初稿：主题单调，缺乏设计感

　　初稿试图通过纯色的背景来凸显海报内容，然而其视觉表现效果单调，毫无设计感。图 3-14 所示为手机促销活动海报设计初稿所存在的问题。

1. 主题文字采用默认样式放在版面的上方，但过于简单缺乏设计感，主题文字表现不够突出。

2. 版面整体显得普通，无法吸引消费者的注意力。

3. 版面空旷，背景表现单一。

4. 使用纯色作为版面背景色，简洁、单调，缺乏现代感。

图3-14 手机促销活动海报设计初稿所存在的问题

👍最终效果：主题突出，富有设计感

为了突出海报主题，对海报主题文字进行变形处理。在海报的版面背景中适当加入一些装饰性元素，丰富了海报的视觉表现效果。图 3-15 所示为手机促销活动海报设计的最终效果。

1. 对版面中的主题文字进行变形处理，使其富有视觉吸引力。

2. 在主题文字旁添加一些倾斜的线条装饰，使得版面具有动感。

3. 分别在版面右上角和左下角放置橙色三角形色块，两者形成呼应，使版面富有节奏感。

4. 在版面背景的下方添加不规则几何形状，增加立体感。

图3-15 手机促销活动海报设计的最终效果

3.2.4 海报版式设计赏析

分析过手机促销活动海报版式设计进阶过程后，本节将提供一些优秀的海报版式设计供读者欣赏，如图 3-16 所示。

该地产海报设计具有强烈的视觉冲击力，其使用对称的构图方式，在版面的两侧放置建筑群图片，中间位置使用水平居中的方式来排列相关内容，整个版面看起来高端、大气。

在该电影节宣传海报设计中，背景色采用暗紫色渐变填充，给人一种高雅、神秘的感觉；文字的处理是整个海报的重点，3D效果的使用使其成为视觉焦点。

该海报设计，以棕色作为海报的主色，营造出舒适、宁静的氛围且具有淡淡的怀旧感。将人物侧脸图形与主题文字相结合，而主题文字同样采用了字体与图形组合的方式，相互作用，紧扣主题，表现出深秋、复古的意境，富有创意。

该音乐会海报使用纯白色作为版面背景色，搭配灰色的曲线图形，主题文字以竖排的方式放在版面的左侧，并将主题文字部分做出血处理，其他文字以竖排方式放在版面的右下方，整个版面运用大量留白，体现出古典、清新、淡雅的风格。

图3-16 海报版式设计赏析

该洗衣机宣传海报设计，使用明亮的浅蓝色作为版面的主色，体现出洗衣机的高端品质，将主题文字放在版面的中心位置，产品图片放在右下角，主题突出，一目了然。

该宣传海报使用青蓝色作为版面的主色，通过明度和饱和度的变化来区分版面中不同的内容，整体色调统一，色彩表现简洁、清爽。

图3-16 海报版式设计赏析（续）

3.2.5 版式设计小知识——色彩在版式中的视觉识别性

要想使设计作品具有较高的识别性，通过优秀的色彩搭配给人留下深刻的第一印象是非常有效的方式。版式设计中的色彩与图形、文字紧密相关，合理的图文配色是版式设计成功的要素之一。

1. 图形色彩

在版式设计过程中运用适当的、不同的色彩来表现版面中的图形，可以使图形的效果更加丰富，形式感更强。色彩是影响图形设计成败的要素之一，图形的色彩是图形语言的一个重要组成部分，巧妙得体的色彩运用能够充分体现图形的魅力，如图 3-17 所示。

> **提 示**
>
> 在版式设计中，图形色彩的搭配强调归纳性、统一性和夸张性，尤其需要注意对图形整体色调的设定，需要能够很好地表现版面的整体视觉风格。

2. 文字色彩

色彩对文字最明显的影响在于其影响文字内容的可读性。白底黑字是最常用的搭配，黑白两种颜色的巨大差异保证了字符极高的辨识度。如果字符的色彩对阅读造成了负面影响，那么即使再美的色彩也是不可取的。图 3-18 所示为版式设计中文字色彩的表现。

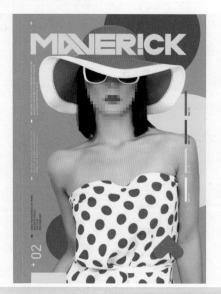

该时尚宣传海报使用高饱和度的青色、蓝色和黄色图形作为版面的背景，多种高饱和度色彩强烈对比，给人带来视觉刺激，搭配着装时尚的人物图片和高饱和度的标题文字，整体视觉表现效果引人注目，并且风格强烈。

该时尚杂志封面使用浅灰色作为背景色，同时放置黑白色调的人物及黑色的文字，而杂志名称则使用了橙色，在无彩色的版面中特别醒目，具有很好的可视性。

图3-17 版式设计中图形色彩的表现

图3-18 版式设计中文字色彩的表现

提 示

人的视觉神经对色彩最为敏感，鲜艳的色彩可以吸引人们的注意。在现代设计中，借助色彩的表现力，设计师能够创造出满足个性化需求的设计作品，因此，色彩在版式设计中有着特殊的诉求力。

3. 色彩与版面率

版面率主要是由版面中的留白量来决定的，版面中留白越多，版面率越高；版面中留白越少，版面率越低。色彩对版面率也有影响。例如，在相同的版面中，白色的底色和红色的底色相比，白底的版面率要大于红底的版面率。因此，当版面中元素比较少显得空旷时，可以通过色彩的运用来调整版面率，从而使版面达到饱和的状态。图 3-19 所示为版面率较高的版式设计。

4. 通过色彩属性进行版式设计

版式设计中需要利用不同的色彩属性来丰富版面的呈现，色彩的色相、明度和饱和度之间的表现存在着一些规律和差别。例如，以色相展示为主的内容，需要着重展现每一种色相的特点，常与较分散的版面搭配；而以明度差异表现为主的内容，可以通过重复、叠加等编排方式来体现不同明度之间的对比效果；如果是以饱和度差异表现为主的内容，可以选择同一种色相，通过叠加等编排方式来展现不同饱和度之间细腻丰富的层次变化。需要注意的是，在通常情况下，设计作品都通过不止一种色彩属性来表现，综合色彩三种属性的设计能够使版面的表现更加优秀。图 3-20 所示为利用色彩属性进行的版式设计。

该饮料产品的宣传海报使用了红色作为版面的背景色，在版面中搭配产品造型的图片和纯白色文字，有效地加深了该品牌在消费者心目中的印象。版面中使用大量的留白，使得该宣传海报具有较高的版面率，产品和宣传主题表现突出。

图3-19 版面率较高的版式设计

该手表产品宣传页，通过使用不同色相的背景图片来展示不同的手表产品，在版面中将不同的产品组合在一起。利用不同的色相之间产生的明显对比，区分了不同的产品和内容。

图3-20 利用色彩属性进行的版式设计

3.3 运动宣传海报的版式设计

运动宣传海报设计要求在突出运动主题的同时能体现出该运动的特点，并将其融入海报版式设计中，使受众能够感受到该项体育运动的氛围。

3.3.1 案例分析

本案例是设计一个自行车骑行运动公益活动海报，整个海报采用插画的形式进行设计，直观地表现出运动的类型。海报使用自然的天蓝色作为其背景色，搭配白云、绿树等抽象化的图形设计，构建出大自然的场景。在海报主题内容的设计上，对主题文字不仅进行了简单的图形化设计，而且整体进行了倾斜处理，结合骑行的卡通人物，使得版面具有强烈的运动感和速度感，与该体育运动的特点相呼应，有效突出海报主题。整个海报版式让人感觉自然，富有动感，并且具有强烈的艺术设计感。

该运动宣传海报的最终效果如图 3-21 所示。

图3-21 运动宣传海报的最终效果

3.3.2 配色分析

该运动宣传海报采用插画这一艺术表现形式，在色彩上选用了高饱和度的颜色进行搭配，更容易引起人们的关注。自行车骑行是一项在户外开展的体育运动，因此在该运动宣传海报的设计中使用和大自然相关的颜色进行配色——蓝色的背景搭配白色的云朵和绿色的树木、草地，同时点缀少量高饱和度的黄色，使整个海报版面具有活力。

该运动宣传海报的主要配色如图 3-22 所示。

RGB (81、215、255)	RGB (0、9、34)	RGB (253、222、55)
CMYK (58、0、6、0)	CMYK (100、98、69、62)	CMYK (7、15、81、0)

图3-22 该运动宣传海报的主要配色

3.3.3 版式设计进阶记录

随着人们越来越注重健康，运动已经成为人们生活中越来越重要的一部分。运动宣传海报的设计要求能够突出表现体育运动的特点，并能够向人们传递健康、快乐的生活方式。

图 3-23 所示为该运动宣传海报设计初稿的版式效果。

图3-23 运动宣传海报设计初稿的版式效果

纯色的背景搭配骑行人物插画和简单的描边主题文字，虽然能够突出该项体育运动的主题，但整个版面单调，缺乏设计感。

图 3-24 所示为该运动宣传海报最终的版式设计效果。

对海报的主题文字进行图形化的设计，并且将海报中的主题文字与插画进行倾斜处理，再为骑行人物添加一些线条装饰，使骑行人物形象更具动感，海报主题突出。

图3-24 运动宣传海报最终的版式设计效果

👆设计初稿：主题单调，缺乏设计感

初稿试图通过纯色的背景来凸显海报内容，然而版面效果单调，缺乏设计感。图 3-25 所示为运动宣传海报设计初稿所存在的问题。

1. 版面采用纯色背景，没有表现出自然环境特点，背景空旷、单调。

2. 主题文字使用黑体字，并且添加了描边效果，视觉表现效果突出但缺乏设计感。

3. 版面底部采用矩形色块对内容进行分割，这种一板一眼的表现方式并不适合表现运动主题。

4. 骑行人物插画过于静态，无法表现出该项体育运动的速度感和动感。

图3-25 运动宣传海报设计初稿所存在的问题

⚫ 最终效果：体现出动感和速度感

为了使该运动宣传海报能够更好地表现出体育运动的动感和速度感，对版面中的主体图形与文字进行了倾斜处理，并且对文字进行了图形化设计，与海报整体的插画风格相融合，视觉表现效果突出。图 3-26 所示为运动宣传海报设计的最终效果。

1. 在背景中加入抽象的山峰图形，在左上角加入白云图形，为背景加入了自然环境元素。

2. 将文字更换为卡通圆角字体，并且进行图形化设计，与版面整体的插画风格相融合。

3. 对版面中的主体图形与文字进行倾斜处理，倾斜的图形更具动感。

4. 除了对骑行人物图形进行倾斜处理，还为其添加了一些几何图形，使其动感和速度感的表现更强烈。

图3-26 运动宣传海报设计的最终效果

3.3.4 海报版式设计赏析

分析过运动宣传海报版式设计进阶过程后,本节将提供一些优秀的海报版式设计供读者欣赏,如图 3-27 所示。

该活动宣传海报以快乐为主题,突出踏青之旅。字体设计及其下方的图形制作都营造出快乐的氛围,并运用特殊效果,层次分明、版面丰富。

该香水宣传海报使用粉红色作为背景色,与粉红色的产品相呼应,形成和谐、统一的色彩印象,体现出女性的温柔与魅力。该海报使用精致的有衬线字体来表现主题文字,结构上稳定有力,细节表现力强。海报整体风格统一,视觉效果好。

该海报中的人物图像使用互补配色——高饱和度红色与绿色搭配,表现出强烈的视觉效果,搭配白色主题文字,使得海报的表现简洁、直观,并且富有强烈的现代感与时尚感。

该茶饮品宣传海报通过强对比的背景处理,给人很强的视觉冲击力,能够有效突出版面中心的产品。海报版面丰富而饱满,整体视觉效果突出、鲜明。

图3-27 海报版式设计赏析

3.3.5 版式设计小知识——配色与消费的关系

合理运用色彩不仅可以达到良好的宣传作用，而且能树立良好的品牌形象。产品进行合理配色可以与消费者产生情感互动，从而影响消费决策。

1. 消费者群体决定版式配色

消费者的年龄、性别、职业、文化程度、经济状况等因素，都会影响其消费行为，而色彩关系到产品给消费者的第一印象，因此对色彩的选择，需要考虑产品所针对的消费者群体，这样的色彩设计才可以抓住消费者的眼球，并刺激其购买欲望。图 3-28 所示为根据不同的消费者群体选择不同的版式配色。

该产品的受众主要是年轻女性，因此该宣传海报将粉红色与洋红色进行搭配，展现出年轻女性的温柔、甜美、青春。版式设计简洁、直观，充分表现出年轻女性的魅力。

赛车运动的目标人群是年轻人。该运动功能饮料品牌旗下的方程式车队宣传海报设计，使用该车队方程式赛车图片作为版面的背景，给人带来强烈的运动感和视觉冲击力。在版面顶部通过白色与红色的搭配表现主题文字，契合该功能饮料品牌和方程式赛车的精神。

图3-28 根据不同的消费者群体选择不同的版式配色

2. 产品属性决定版式配色

作为吸引消费者视线的第一视觉元素，产品的配色可以起到展现品牌形象的作用，通过与众不同的配色来刺激消费者的购买欲望是良好的促销办法之一。然而不同的产品有不同的特点，如果一味地追求视觉冲击而忽略产品自身的特征，则难以达到促销的目的，甚至会造成与产品属性不符的结果，造成消费者的误解或抵触情绪，进而对产品的销售形成负面的影响。因此，把握目标产品的属性特征对版式进行配色至关重要，如图 3-29 所示。

该食品宣传海报，使用食品包装的绿色作为版面的主色，体现出产品天然、健康的特点。在版面中点缀高饱和度的黄色和红色，使其视觉表现效果更加活跃。

该水果茶宣传海报，使用高明度橙色到中等明度橙色的径向渐变作为背景色，在版面中间搭配玫红色的创意图形，凸显产品的视觉效果，并且给人温暖、舒适的感受。

图3-29 根据产品属性决定版式配色

产品在不同发展阶段，其宣传海报的版式配色具有不同的特点。

（1）产品导入期的版式配色

如果是新产品上市，由于还未被一般的消费者了解，为了加强宣传效果，提高消费者对该产品的记忆度，宜以单色作为设计主色，且尽量使用色彩艳丽的颜色，达到产品的宣传效果。图 3-30 所示为产品导入期的版式配色。

该果味饮料宣传海报，使用与产品包装颜色相近的渐变黄橙色作为版面的背景色，给人欢乐、愉悦、美味的感受。

图3-30 产品导入期的版式配色

（2）产品发展期的版式配色

在产品发展期，消费者已经对产品有了一定的认识，产品已有一定的市场占有率。为了与同性质的竞品有所区分，产品宣传海报的颜色可以使用比较鲜艳的颜色，与竞品海报有所区别。图 3-31 所示为产品发展期的版式配色。

该饮料产品宣传海报，创造性地使用浅灰色作为版面的主色，局部点缀鲜艳的橙色，版面形成强烈的对比，给人留下深刻的印象。

图3-31 产品发展期的版式配色

（3）产品成熟期的版式配色

产品进入成熟期后，消费者对该产品已经非常熟悉，此时稳定和维持顾客对产品的信赖就变得更为重要。所以在设计中使用的颜色，必须能让消费者感到安心，与产品概念相同，符合产品的定位。图 3-32 所示为产品成熟期的版式配色。

（4）产品衰退期的版式配色

到了产品衰退时期，其销售量会逐渐下降，消费者已经对产品不再有新鲜感。随着其他产品的上市，更流行的商品出现，消费者也会慢慢开始转向，这时最重要的是要维持消费者对产品的新鲜感，因此，所采用的颜色必须是具有新意的独特颜色或流行色，进行一个整体的更新，这样才能使产品的销售量提高。图 3-33 所示为产品衰退期的版式配色。

该香水海报，使用黑色作为版面的背景色，突出表现产品的高级感，局部搭配金色，并且使用金色的主题文字，与产品的色调保持一致，给人一种高级、大气的感受。

该冰淇淋宣传海报，使用玫红色作为版面的背景色。玫红色是一种非常温柔的颜色，向用户暗示产品带来的美好感觉。

图3-32 产品成熟期的版式配色

图3-33 产品衰退期的版式配色

3.4 商业地产海报的版式设计

商业地产海报需要通过配色和版式来表现该商业地产项目的定位，从而给受众留下良好的品牌印象。

3.4.1 案例分析

地产宣传海报是日常生活中常见的一种海报形式。本案例的商业地产宣传海报，使用深蓝色作为背景色，与该商业地产项目的宣传图片颜色相呼应，从而保持了版面整体色调的和谐统一。该海报采用了上下结构的版式设计，上半部分为该商业地产项目的宣传图片，下半部分为相应的主题说明，中间添加了圆弧状的图形作为装饰，打破了生硬的过渡边界。圆弧状的装饰图形采用了多种高饱和度的色块进行设计，使得版面的整体表现更加富有活力和现代感。版面下半部分的主题文字，采用高低错落、大小不一的形式进行排版，仿佛是一座大楼的轮廓外形，简洁而具有设计感。整个海报时尚大气、主题突出，配合高饱和度装饰图形的点缀，使版面具有强烈的现代感和时尚感。

该商业地产海报的最终效果如图 3-34 所示。

图3-34 商业地产海报的最终效果

3.4.2 配色分析

该商业地产宣传海报使用与该地产项目宣传图片同色系的深蓝色作为其背景色，深蓝色给人一种稳重、可信赖的色彩印象，使得该海报整体给人沉稳、大方的感觉。版面中的主题文字采用了渐变的金色，金色高端、尊贵，与深蓝色相搭配，突出该商业地产高端的定位。版面中点缀的高饱和度的黄色、洋红色等色块，为海报版面增添了活力与时尚。

该商业地产海报主要配色如图 3-35 所示。

RGB (0、11、38)
CMYK (100、100、68、60)

RGB (212、162、53)
CMYK (23、41、85、0)

RGB (255、200、21)
CMYK (4、28、88、0)

图3-35 商业地产海报的主要配色

3.4.3 版式设计进阶记录

商业地产宣传海报的设计需要根据该商业地产项目的定位来选择合适的配色和表现形式，突出主题的表现，向大众展示该商业地产项目的特色与核心功能，从而引起大众的关注。

图 3-36 所示为该商业地产海报设计初稿的版式效果。

纯黑色背景搭配黄色主题文字，给人一种高档、大气的感觉，主题突出，但黑色背景与地产项目图片色调不统一，并且海报整体缺乏新意与时尚感。

图3-36 商业地产海报设计初稿的版式效果

图 3-37 所示为该商业地产海报最终的版式设计效果。

图3-37 商业地产海报最终的版式设计效果

 使用深蓝色作为海报的背景色，版面整体色调统一，对主题文字进行适当的变形组合处理，并应用金色渐变，色彩表现突出。在地产项目图片与背景结合的位置加入多种高饱和度的圆弧状图形，使海报更具活力。

👍设计初稿：过渡不自然，缺乏时尚感与活力

最初是想通过黑色背景与金色文字来突出该商业地产项目的高端定位，但是宣传图片与黑色背景的过渡不太自然，整体设计缺乏新意并且无法表现该地产项目的时尚感与活力。图 3-38 所示为该商业地产海报设计初稿所存在的问题。

1. 黑色背景能够凸显该商业地产项目的高端定位，但与宣传图片的色调不统一，稍显生硬。

2. 宣传图片与背景之间采用渐变过渡，但过渡有些突兀、不自然。

3. 主题文字采用常规的排版方式，简洁大方，但是缺乏设计感。

4. 该商业地产项目的相关功能采用图标与文字相结合的方式，直观大方，但表现形式缺乏新意。

图3-38 商业地产海报设计初稿所存在的问题

👍 最终效果：整体色调统一，体现时尚感与活力

年轻人群是商业地产的主力消费人群，因此海报除了要体现出该商业地产的高端定位，还应该体

现出时尚感与活力。在版面中宣传图片与背景过渡的位置加入高饱和度的圆弧状装饰图形，可以丰富海报的视觉表现效果。图 3-39 所示为该商业地产海报设计的最终效果。

1. 使用深蓝色作为海报的背景色，与宣传效果图色调一致，从而保持整体色调的和谐、统一。

2. 加入高饱和度装饰图形，不仅可以使图片与背景的过渡更自然，同时也使海报表现出时尚感，充满活力。

3. 采用高低错落、大小不一的形式对主题文字进行排版，同时应用渐变色填充，使主题文字更具设计感。

4. 将功能图标采用圆弧状进行排列，与圆弧状的装饰图形相呼应，使版面表现更具活力。

图3-39 商业地产海报设计的最终效果

3.4.4 海报版式设计赏析

　　分析过商业地产海报版式设计进阶过程后,本节将提供一些优秀的海报版式设计供读者欣赏,
如图 3-40 所示。

　　该毕业设计展宣传海报使用浅灰色作为背景色,表现出沉稳的气质。在版面中主题文字使用了蓝色与橙色的互补色搭配,大号粗体的蓝色文字上方叠加小号的橙色文字,清晰、端正、舒展。

　　该耳机产品宣传海报的版式设计非常简洁,使用纯度较低的蓝色作为背景色,通过拟人的手法将耳机产品设计成著名歌手形象,表现效果非常突出。

　　该巧克力饼干海报,使用咖啡色作为主色调,通过意象展现巧克力饼干的浓香,以及带给人的丝滑感受,深化了主题。

　　在该品牌宣传海报的版式设计中,主要图形是不同造型的时尚女性,同时将代表女性和青春的桃红色作为版面的主色调,搭配简洁的品牌图标,给人一种纯粹、时尚的感觉。

图3-40 海报版式设计赏析

3.4.5 版式设计小知识——通过色彩突出设计主题

在版式设计中，色彩的搭配与设计的主题息息相关，良好的色彩搭配可以使读者在第一眼就能感受到设计主题所要表现的氛围和气质。

1. 用恰当的色彩传达版面主题

展现设计主题的元素除了主要的图形和文字，色彩也同等重要。在图文都符合主题的情况下，如果色彩搭配出现了错误，可能无法突出主题，甚至无法正确传达版面的信息。图 3-41 所示为通过色彩来突出表现版面主题。

该手机宣传海报中的主题文字的色彩明度较低，与灰色的海报背景接近。由于二者色彩差别较小，导致该海报的主题表现不够显眼、突出。

调整后的版面提高主题文字的色彩明度和纯度，使主题文字与海报的背景产生鲜明的对比，视觉效果强烈，主题突出。

图3-41 通过色彩来突出表现版面主题

2. 色彩与主题的搭配

版面设计中的色彩应该与设计的主题相配合，烘托出版面所营造的氛围，强化设计所要传达的信息，令读者产生心理上的共鸣，从而达到宣传的目的，如图 3-42 所示。

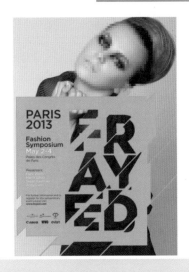

该海报版面使用低纯度的灰色背景与高纯度的橙色背景进行对比，使版面具有很强的视觉冲击力，并且具有强烈的艺术性。	该海报使用低纯度的灰色图片作为背景，在版面左下角位置搭配高纯度的蓝色表现主题文字内容，版面的视觉表现效果强烈。

图3-42 通过色彩烘托主题、营造氛围

3.5 总结与扩展

海报作为一种宣传工具，主要是为了将信息以简洁、明确、清晰的方式传递给受众，引起受众的兴趣并使其参与其中，以期使受众信服所传递的内容。

3.5.1 本章小结

本章通过对海报版式设计的讲解与分析，希望读者能够理解海报版式设计的表现方法和技巧，并能够将其应用到实际工作中。同时提升相关设计从业人员的行业素养，培养良好的职业道德，激发创新力、创造力，为职业发展打下坚实的基础。

3.5.2 知识扩展——海报版式的创意形式

要想海报在几秒种内牢牢抓住受众，不仅要求内容表达准确到位，更要有独特的版式创意。创意是智慧的火花，是海报的灵魂，能起到宣传和促销产品的作用，能够令受众过目不忘，津津乐道。

海报的版式创意形式可以根据视觉表现特点大致归纳为直接、会意、象征3种基本方法，将它们相互结合、融会贯通就可以创造出千变万化的版面效果。

1. 直接法

直接法是指在海报版式中直接表现广告信息，将产品典型、本质的形象或特征清晰、鲜明、准确地展示出来。采用这种创意方法的海报能够给人真实、可信、亲切的感受，使受众容易理解和接受。图 3-43 所示为使用直接法设计的海报。

该果汁饮料产品的宣传海报使用直接法设计来表现产品的突出特点。使用与该果汁产品相同的黄色作为版面的背景色，在版面的中心位置直接展示产品，并且通过创意图形设计，将产品嵌入水果中，从而表现出该果汁产品的新鲜和原汁原味。

在该汽车宣传海报中，版面背景使用明黄色与浅蓝色进行搭配，形成对比，而背景色块采用了圆弧形的形状，使色彩的对比柔和、舒适。在背景中加入白色圆点，活泼、年轻，契合该汽车产品的造型定位。将汽车产品放在版面的中心位置进行直接展示，醒目、直观。

图3-43 使用直接法设计的海报

2．会意法

会意法是指在版面设计中不直白呈现广告信息，而是仅表现由它们引发与其自身体验相关、等同、类似，甚至相反的联想或惊喜、意外。这种创意方法能够让受众驰骋于想象，通过主动思考来完成对广告的理解和记忆，给人留下含蓄、动人的印象。如图3-44所示为使用会意法设计的海报。

该起泡酒宣传海报，将产品图片与葡萄庄园图片相结合，并且产品在版面中占据较大的空间，突出产品的纯天然和新鲜。海报将暖色调作为版面的主色调，给人一种温暖、浪漫的感觉。

图3-44 使用会意法设计的海报

该家电产品宣传海报，运用会意的表现手法，家电产品图片和信息只放在版面的左下角位置，占据的版面非常小。在版面中心放置诱人的美食，通过食物的鲜嫩、诱人来吸引受众的关注，从而引起受众的联想，表现出该家电产品的特点，令人印象深刻。

图3-44 使用会意法设计的海报（续）

3. 象征法

将广告所蕴含的特定含义通过另一种事物、角度、观点进行引申，产生新的意义，从而使广告的表现风格强烈，给人留下深刻的印象。图 3-45 所示为使用象征法设计的海报。

这是一个以环境保护为主题的公益宣传海报，将其背景进行去色和灰调处理，使背景呈现出灰暗、压抑的感觉。版面中心部分采用自然的高饱和度色彩，通过这种对比的方式来展现全球变暖的危机，呼吁人们保护环境。

该电子产品海报设计，画面结构简单而生动，通过人物手持该产品坐在椅子上飞驰的合成场景，表现该电子产品能够为用户带来快速流畅的体验，突出表现了该产品的核心特点。

图3-45 使用象征法设计的海报

第4章
宣传页版式设计

由于版式设计的好坏直接关系到广告宣传的效果，所以宣传页的版式设计总体上要求有新意，充分体现广告创意内容，将商品信息或广告主信息最大限度地传递给目标市场。本章将介绍有关宣传页版式设计的相关知识和内容，并通过对商业案例的分析讲解，使读者更加深入地理解宣传页版式设计的方法和技巧。

4.1 宣传页版式设计概述

宣传页版式设计要求造型别致、富有趣味、能令人耳目一新，只有这样才能产生最大的宣传效果。宣传页的制作要精美，内容排版设计要有新意。宣传页的主题一定要明确，要能够引发受众的好奇心。此外，设计时要考虑印刷工艺和纸张的特点，并在版面中做相应的处理。

4.1.1 宣传页版式的构成要素

外观、图像、文案是宣传页版式设计的 3 个重要构成要素。

1. 外观要素

外观要素主要包括尺寸、纸张、造型等，是吸引消费者眼球的首要因素。图 4-1 所示为采用特殊造型的宣传折页。

图4-1 采用特殊造型的宣传折页

2. 图像要素

宣传页版式设计中的图像要求在美观、简洁的基础上具有一定的独特性。大部分宣传页的图像都用产品图片堆砌而成，或者以连篇累牍的文字为主，这样的排版方式不仅会让消费者感到视觉疲劳，也难以把宣传的主题充分展示出来。因此，在宣传页的图像处理上，应该具有创意和强烈的视觉冲击力，例如，对文字进行图形化处理就是不错的表现方式。图 4-2 所示为宣传页中图像的创意表现。

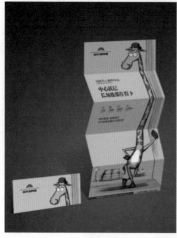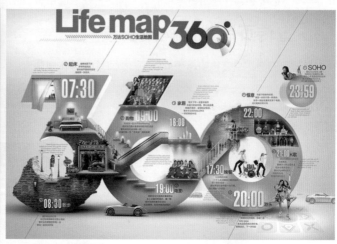

图4-2 宣传页中图像的创意表现

3. 文案要素

文案可以说是宣传页版式设计的重点，它能够充分体现宣传的有效性。设计时要突出字体，对消费者进行视觉上的刺激，通过表现出产品功能与消费者之间的利益关系，让读者产生继续阅读的兴趣。图 4-3 所示为宣传页中突出的文案要素。

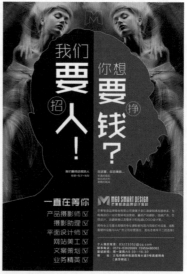

图4-3 宣传页中突出的文案要素

图4-3 宣传页中突出的文案要素（续）

4.1.2 宣传页版式的构图方式

在宣传页版面要素的整体安排中，主要的部分必须突出显示，次要的部分则应该起到衬托主题、烘托画面气氛的作用。次要形象和文字既要衬托主体，又要具有相对的独立性；既能够呼应主体，又要保持对比关系。

宣传页版式的构图方式比较多样化，色彩和构图相互依存，比较常见的有满版式构图、导引式构图、组合式构图、自由式构图等。可以根据具体图像、文字内容及版面需要，以美观、醒目、主题突出为原则，灵活运用。图 4-4 所示为使用不同构图方式的宣传页版式设计。

图4-4 使用不同构图方式的宣传页版式设计

图4-4 使用不同构图方式的宣传页版式设计（续）

4.1.3 宣传页版式的视觉流程

宣传页需要快速地传达信息，因此在版式设计上应采用引导性视觉流程，从而使版面更加简洁，让浏览者能迅速了解版面上的内容。

合理利用人的视觉习惯进行设计，可以使读者轻松流畅地阅读版面内容，使信息得以顺利传达。对宣传页版式进行设计时可以采用以下几种引导性视觉流程。

垂直的视觉流程，将图片编排在版面上方，吸引人的注意，并引导视线从上向下移动。图 4-5 所示为采用垂直视觉流程的宣传页版式设计。

图4-5 采用垂直视觉流程的宣传页版式设计

图4-5 采用垂直视觉流程的宣传页版式设计（续）

运用同色系的色彩或图片引导视线向下一个目标移动。在图 4-6 所示的宣传折页版式设计中，每个版面中的内容标题都采用了相同颜色的加粗大号字进行表现，很好地引导了浏览者的视线流动。

运用相同或相似的形状引导视线移向下一个图形。在没有相似色彩或图形的情况下，人的视线一般会向一旁偏移。在图 4-7 所示的餐饮宣传折页版式设计中，运用相同形状且色彩鲜艳的图形来引导消费者的视线流动，图形上的箭头也起到引导作用，同时突出重点信息和推荐产品。

图4-6 运用色彩引导视觉流程

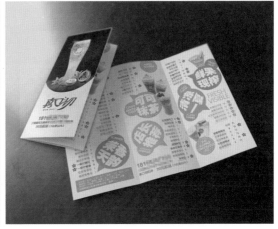

图4-7 运用图形引导视觉流程

4.2 菜品宣传单页的版式设计

菜品宣传单页是日常生活中比较常见的一种宣传单页，主要通过在商场餐饮区派发的方式来宣传店铺中的主打餐品，以期吸引消费者进店消费。

4.2.1 案例分析

　　本案例是设计一个快餐类菜品宣传单页，使用深灰色木纹作为其背景，并对版面中所有美食图片都进行了退底处理，使得美食的鲜艳色彩与深灰色的木纹背景形成强烈的对比，有效地突出了美食的诱人色泽，吸引消费者的关注。该菜品宣传单页的版式设计采用了比较随意的图文结合的形式，将每个美食产品的介绍内容放在对应图片的旁边，方便阅读，并在每个美食图片的上方叠加黄色的圆形标签标示出价格。版面中的整体内容进行了倾斜处理，使其具有一种动感。整个菜单宣传单页的版式设计给人一种活力、自由、富有生机的感觉。

　　该菜品宣传单页版式设计的最终效果如图 4-8 所示。

图4-8 菜品宣传单页版式设计的最终效果

4.2.2 配色分析

　　该菜品宣传单页使用接近黑色的深灰色木纹作为版面背景，并且在背景中加入适当的渐变，体现出色彩的层次感。深灰色背景能够有效地突出版面中的美食产品图片，使得其色彩更加鲜艳、诱人。在版面中搭配纯白色文字，与深灰色背景产生强烈对比，文字内容清晰、易读。在版面中加入鲜艳的黄橙色线条与黄色的圆形标签作为点缀，使得该菜单宣传单页更具活力。

　　该菜品宣传单页版式的主要配色如图 4-9 所示。

RGB（38、39、40）	RGB（237、169、64）	RGB（251、201、0）
CMYK（82、77、74、55）	CMYK（10、42、78、0）	CMYK（6、26、90、0）

图4-9 菜品宣传单页版式的主要配色

4.2.3 版式设计进阶记录

　　宣传单页是日常生活中比较常见的一种宣传方式，优秀的宣传单页不仅能把相关信息传递出去，更重要的是能吸引消费者的注意力，达到宣传与促销的目的。

　　图 4-10 所示为菜品宣传单页版式设计初稿的效果。

对版面中的餐品内容进行规则排版，并使用线条对版面进行划分。虽然版面中的内容清晰、易读，但整体看起来呆板，缺乏活力。

图4-10 菜品宣传单页版式设计初稿的效果

　　图 4-11 所示为该菜品宣传单页版式设计的最终效果。

图4-11 菜品宣传单页版式设计的最终效果

　　版面中的图文内容采用自由式构图，将招牌美食图片放大并放在版面相对居中的位置突出表现，其他的美食图片则采用统一的大小自由排列。通过对版面中的内容进行适当的倾斜，使版面具有活力与动感。

👍 设计初稿：设计过于呆板，不够吸引人

初稿试图通过四平八稳的版式设计，使菜品宣传单页中的餐品信息清晰，一目了然。然而，这样的版式设计会导致重点不突出，显得呆板，不够吸引人。图 4-12 所示为菜品宣传单页版式设计初稿所存在的问题。

1. 采用传统的排版方式对内容进行排版，每个产品图片的大小相同，没有突出招牌餐品。

2. 将菜品宣传单页的主题文字放在版面上方的中间位置，表现效果突出，但显得单调、普通。

3. 高明度的黄色圆形背景搭配纯白色的价格文字，无法产生色彩的对比，导致价格信息视觉效果不清晰。

4. 加入横线和竖线对版面进行划分，使得每款美食产品的信息更加清晰，但也使版面的表现更加方正、呆板，缺乏活力。

图4-12 菜品宣传单页版式设计初稿所存在的问题

⊙ 最终效果：自由的版式具有活力

　　为了使该菜品宣传单页更具活力，版面采用自由式构图，并且将版面内容整体向右上方进行倾斜处理，使其具有动感。图 4-13 所示为菜品宣传单页版式设计的最终效果。

　　1. 对该宣传单页的主题文字进行简单的变形处理，并且放在左上角位置，突出主打餐品。

　　2. 采用自由式构图对餐品的图片和文字进行排版，并且将主打的招牌美食图片放大，放在中间位置突出表现，同时也使版面产生了大小对比。

　　3. 高明度的黄色圆形背景搭配深灰色价格文字，文字与背景产生强烈的色彩与明度对比，产品价格信息清晰、易读。

　　4. 根据版面整体内容的排版方式，对版面中的分割线条同样进行倾斜处理。装饰线条的使用不仅使版面产生延伸感，而且使消费者的目光聚焦于招牌美食。

图4-13 菜品宣传单页版式设计的最终效果

4.2.4 菜品宣传单页版式设计赏析

分析过菜品宣传单页版式设计进阶过程后,本节将提供一些优秀的菜品宣传单页版式设计供读者欣赏,如图 4-14 所示。

该美食宣传单页使用高明度的灰色作为版面背景色,在版面上半部分放置退底处理的美食图片,在下半部分使用竖排的方式对主题文字进行排版。版面中大量的留白处理,突出了美食图片,也展现了餐厅沉稳、典雅的意蕴。

该咖啡促销宣传单页使用咖啡冲泡图片作为满版背景,并且对图片的背景进行了虚化处理,使消费者能够将视线聚焦在咖啡上,主题文字采用大号加粗字体,搭配单字背景色块,促销主题的表现非常突出。

该夏季饮品宣传单页,使用浅灰色与浅蓝色的弱对比色作为版面的背景色,营造出清新、清凉的氛围。版面中通过对退底处理的饮品图片与对应的产品文字进行混排,使版面的视觉表现效果自由、舒适,主题突出。

该披萨店餐品宣传折页,使用暖色系中的红色与黄色进行搭配,给人一种温暖、明亮的印象。折页封面使用满版图片背景搭配餐厅标志,视觉冲击力强。内页排版采用了多种灵活的图文混排的方式,使得版面视觉表现效果多样,给人一种自由、充满活力的感觉。

图4-14 菜品宣传单页版式设计赏析

4.2.5 版式设计小知识——版式中图片的编排形式

在版式设计中图片的使用非常重要。图片的位置、大小、数量、方向等因素会影响版面的视觉表现效果。

1. 图片的位置

通过与委托方协商，以及对图片进行整理分类，可以有效地把握版面内容的先后次序和版面结构的大致框架。一旦确定所要传达的重点内容，图片的先后次序就确定下来，也就可以将主要信息图片安排在版面中优先的视觉位置上，并通过对图片尺寸的调整进行有效地编排。

版面的上、下、左、右，对角线及连接的四个角都是视觉的焦点，其中，版面的左上角是常规视觉流程的第一个焦点，因此将重要的图片放在这些位置，可以突出主题，使整个版面层次清晰，视觉冲击力也较强，如图 4-15 所示。

该杂志将模特人物的展示大图放在版面的左侧，而将各种服饰的单品图片放置在右侧，并且这些图片都使用退底处理，使整个版面显得活泼，有层次感。

该咖啡饮品海报，在版面中心位置放置产品图片。咖啡色的产品图片与蓝色水纹背景形成对比，有效突出产品的表现。在版面上方对宣传文字进行倾斜处理，具有动感，版面的表现简洁、重点突出。

图4-15 将图片放在视觉焦点上

> **提示**
>
> 版面中的上、下、左、右，对角线，四角均可以放置图片，在设计过程中应该根据内容要素、视觉效果、带给受众的心理感受等来选择图片放置的位置，有效地控制各个点，使版面主题鲜明、简洁。

2. 图片的大小

一般来讲，图片的大小关系到读者对版面的注意程度。同样的清晰度，相对于小图片而言，大图片更能吸引读者的视线。因此，在图片编排过程中，常常将主要信息图片有意放大以突出主题，如图 4-16 所示。图片大小及占有版面的面积直接决定着图版率，所以在设计时可以通过调整图片大小来有效地控制图版率和页面效果。

图片大小的对比不仅可以体现信息的主次顺序，还可以体现版面的节奏感。如果版面中各图片的尺寸大小不一，当不同大小的图片分布于各个位置上，很容易使版面显得杂乱无章。因此需要对图片进行一定程度上的协调和统一，从而保持版面结构的平衡。如果版面中每一张图片的大小相差无几，则难以确定主次关系。因此，要将图片按尺寸大致分为大、中、小三个级别，使图片之间的主次关系更加协调，如图 4-17 所示。

该香水宣传页，将产品图片填满整个版面，而人物图片则沉浸在香水瓶中，运用夸张和对比的手法，凸显产品，以及该产品对女性的诱惑力。

图4-16 通过大图突出主题表现

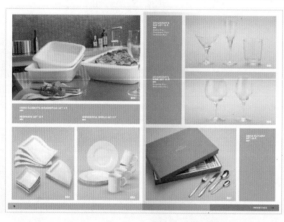

该产品宣传画册的跨页版面，以规则矩形的方式放置多张产品图片，产品图片的尺寸可以分为大、中、小三个级别，其中页面左上角的图片最为突出。版面中各产品图片之间拥有相同的间距，使版面的表现效果稳定而规则。

图4-17 通过图片的不同尺寸表明其主次关系

此外，在版式编排时，图片并不都是以单幅的形式出现，针对多张图片的情况，还可以对内容版块进行分组排列，同时考虑图片之间的距离安排。

提 示

在版式设计过程中，通常重要图片在版面中所占的面积较大。例如，在化妆品广告中，往往会把展示局部特征的图片进行放大处理，在视觉上对读者心理造成强大冲击，从而使其成为读者的关注点。从属图片往往缩小作为点缀，呼应主题，与主图共同构成主次分明的格局。

3. 图片的数量

图片数量的变化能够营造出不同的版面氛围，带来不同的心理感受。当图片数量较少时（甚至一张），其内容质量将决定人们对版面的印象，如图 4-18 所示。

通常情况下，图片数量较多的版面更能引起读者的兴趣。如果一个版面中没有图片全是文字，会显得非常枯燥，很难让人的注意力长期保持在版面上。图片数量多时，版面易出现对比格局，显得丰富、活泼，有浏览余地，尤其适合普及性、娱乐性、新闻性强的读物，如图 4-19 所示。

该跨页版面的左、右两部分采用相同的纯色背景。左侧版面放置退底处理的人物满版图片，通过该图片来展现时尚魅力；右侧版面放置简单的白色矩形框和白色文字，整个版面给人一种简洁、高雅的感觉。

图4-18 使用单张图片表现版面氛围

该跨页版面编排了较多的图片，并且图片采用了不同大小和形式，如矩形图片、退底图片，并对部分图片进行倾斜处理。版面中图片的表现形式非常丰富，使整个版面具有热闹、丰富、活跃的氛围。

图4-19 使用多张图片表现版面氛围

提示

在版式设计过程中，不能为了吸引读者的眼球而过量地使用图片。如果图片过多，版面会缺乏重点、松散、混乱，应该根据具体的版面需求来决定图片的数量。

4. 图片的方向

版面中具有方向感的图片可以让人感受到速度和力量。对于这些具有一定动势的图片应该巧妙处理，使其顺应人们阅读时的视觉感受。例如，在处理图片中人物的视觉朝向的空间时，如果视觉朝向的空间宽敞，可以给人舒展、放松的感觉；如果视觉朝向的空间窄小，则给人一种压抑、拥挤的感受，如图 4-20 所示。

为了使版面具有动势，一方面可以在摄影时对信息主体进行不同角度的拍摄，另一方面还可以将原本静态的图片进行倾斜式摆放，刻意打破原来的静态平衡，从而增强版面的方向感，如图 4-21 所示。

将人物脸部侧面特写图片放在版面的右侧，人物眼睛的视线方向宽敞、流畅，正好把视觉焦点引到主题文字上。主题文字使用了金色的毛笔字体，与深灰色的背景形成强烈对比，非常醒目。

版面图形采用向右上角倾斜的方式进行设计，所搭配的图片和文字内容采用相同的倾斜方式处理，使整个版面具有方向感。版面中不同明度的灰色相互叠加，增加了版面的层次感。

图4-20 通过图片方向引导视觉感受　　　　　图4-21 通过对图片倾斜处理增强版面方向感

提示

图片方向可以是人物或动物的视线动作，可以是有方向性的线条、符号、图片组合形式，也可以借助近景、中景、远景来实现。它们的变化会在版面中形成某种视觉动势，具有视觉导向作用。

5. 整体与局部

版式设计中除了要处理好每张图片的摆放形式，更要注意图片的整体排列效果，既要加强画面的局部变化，又要注意版面整体的结构组织和方向的视觉秩序。因此要进行周密的组织来获得版面的秩序，否则，会造成松散、各自为阵的状态，也就破坏了版面的整体效果，如图 4-22 所示。

使用图片来环绕主题文字内容，在版面左侧放置垂直满版图片，展示整体形象，右侧放置各种退底处理的产品图片，使版面的整体表现丰富而具有节奏感。

在版面中使用矩形方格的形式编排图片，并且在其中以不同色块的矩形展示相应的文字内容。各矩形方块保持相同的间距，版面整体效果稳定，局部富有变化。

图4-22 版面中整体与局部的辩证关系

4.3 新品上市宣传单页的版式设计

面对激烈的市场竞争，商家会想尽一切办法来宣传自己的产品，其中宣传页就是一种常见的广告宣传形式。新品上市期间，很多商家都会通过宣传单页的形式对新产品进行宣传推广，以期达到促销的目的。

4.3.1 案例分析

本案例所设计的新品上市宣传单页，使用天蓝色的背景搭配植物素材，使版面具有清新、自然的氛围。在版式设计中重点突出主题文字，将其放在中间，并且使用白色的背景进一步突出。在宣传单页的四周放置退底处理的植物和美食产品图片作为装饰，不仅丰富了版面的视觉表现效果，有效吸引消费者的目光，同时也表现出店铺食物的自然、健康，使消费者产生消费的冲动。主题文字部分采用了上下结构，上方为店铺的名称，下方为全新推出的产品。整个新品上市宣传单页的版面设计给人一种自然、清新的感受，并且主题文字设计简明，具有较强的吸引力。

该新品上市宣传单页的最终效果如图 4-23 所示。

图4-23 新品上市宣传单页的最终效果

4.3.2 配色分析

该新品上市宣传单页使用天蓝色作为版面的背景色，在版面中搭配绿色的植物素材和用以衬托主题文字的白色背景图，形成了清新、自然的配色风格，营造出蓝天、绿树的自然氛围。因为该案例是一个咖啡店的宣传单页，所以主题文字采用了咖啡色，呼应店铺的类型，而产品文字和价格则使用高饱和度的红色加以突出，与咖啡色的文字形成对比，使重点信息更直观。版面中各种色彩美食图片的点缀，使整个宣传单页表现出清新、自然、欢乐、愉悦的氛围。

该新品上市宣传单页的主要配色如图 4-24 所示。

RGB（111、199、224）	RGB（80、44、14）	RGB（255、71、51）
CMYK（56、7、14、0）	CMYK（62、80、100、48）	CMYK（0、84、76、0）

图4-24 新品上市宣传单页的主要配色

4.3.3 版式设计进阶记录

新品上市宣传单页版式设计的重点是突出产品信息的表现，同时营造出与店铺气质相符的版面风格，向消费者传递新品信息的同时加深消费者对店铺的印象。

图 4-25 所示为该新品上市宣传单页版式设计初稿的效果。

使用暖色系的橙色作为该宣传单页的主色调，表现诱人的美食与温暖的用餐氛围。中间使用白色矩形背景来突出文字内容，图形效果简单，文字内容的排版也比较混乱，主次不分。

图4-25 新品上市宣传单页版式设计初稿的效果

图 4-26 所示为该新品上市宣传单页版式设计的最终效果。

图4-26 新品上市宣传单页版式设计的最终效果

将该宣传单页的背景主色调修改为天蓝色，加入多种自然和美食图形作为点缀，使版面的表现更加丰富，并且体现出自然、清新的感觉。修改白色背景图形，并且对文字进行重新排版，使用特殊字体突出重点文字信息。

🖐 设计初稿：版面过于单调，排版松散

尽管橙色非常适合作为美食类产品的配色，但橙色的背景与版面中间的矩形色块背景相结合，显得过于单调。主题文字的排版虽然清晰易读，但是版式过于松散，难以突出重点信息。图 4-27 所示为新品上市宣传单页设计初稿所存在的问题。

1. 使用中等饱和度的橙色作为背景主色调，营造温暖、柔和的氛围，但背景中缺少装饰性元素，显得空旷、单调。

2. 使用简单的白色圆角矩形作为文字内容的背景，过于简单，缺少设计感。

3. 文字排版松散，将店铺名称文字作为主题，但其设计感不突出。

4. 版面中的次要文字内容，仅对新品价格进行着重提示，而新品的文字并没有突出表现。

图4-27 新品上市宣传单页设计初稿所存在的问题

⏺ 最终效果：整体风格清新自然，重点信息突出

　　使用天蓝色的背景搭配绿色的植物素材和美食素材，营造出清新、自然的氛围。版面中间的文字部分采用正三角形的排版方式，具有稳定感。图 4-28 所示为新品上市宣传单页设计的最终效果。

　　1. 使用大自然中的色彩进行配色，使版面表现出自然的氛围。素材的点缀，丰富了版面的视觉表现效果。

　　2. 将白色圆角矩形背景设计成餐牌的形状，突出主题内容的同时也更加形象。

　　3. 根据店铺的特点对店铺名称文字进行适当的变形处理和设计，视觉效果更美观。

　　4. 新品名称文字与价格文字使用相同的高饱和度红色进行突出表现，通过色彩对比突出重点内容。

图4-28 新品上市宣传单页设计的最终效果

4.3.4 宣传单页版式设计赏析

　　分析过新品上市宣传单页版式设计进阶过程后，本节将提供一些优秀的宣传单页版式设计供读者欣赏，如图 4-29 所示。

　　该饮品宣传单页使用高明度的天蓝色与浅灰色作为版面的背景色，给人一种清爽、自然的印象，两种色彩的弱对比增加了版面的层次感。版面内容采用左右排版的方式，左侧为饮品退底图片，右侧为竖排文字并且添加了半透明背景色块，增加层次感的同时，突出主题文字的表现。

　　该楼盘宣传单页使用明度和纯度都较低的深蓝色作为版面的背景主色。在版面的中间位置，通过鲜艳的橙色来突出主题内容的表现，制造出强烈的对比效果，直观。

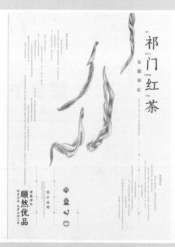

　　该商场促销宣传广告，通过使用不规则的条纹来丰富广告背景的效果。广告主体部分简洁大方，通过对文字进行变形处理，并且为文字添加渐变描边效果，突出表现广告文字的效果。

　　该红茶产品宣传单页采用黑白设计风格，手绘的黑白茶叶图形和竖版排列的文字，给人很强的艺术感。该海报版面设计清新、淡雅，具有东方式古典韵味。

图4-29 宣传单页版式设计赏析

4.3.5 版式设计小知识——版式中的图片处理方式

图片在版式设计中有着重要意义，它以直观的方式被瞬间接受和评价，视觉冲击力比文字强。俗话说一图胜千字，这并不是说文字表达能力弱，而是指图片能跨越文化、语言、民族等诸多差异。一些用文字难以传达的信息、感受、思想，可以借助图片进行传达。

1. 矩形图片的处理

矩形图片是版式设计中常用的一种图片形式，其以直线轮廓来规范和限制，具有简洁、沉稳的视觉特征。矩形图片能够比较完整地传达主题思想，富有情节，便于渲染气氛。在版式设计中使用矩形图片，可以使版面看上去安静、理性和稳定。图 4-30 所示为应用矩形图片的版式设计。

2. 圆形图片的处理

圆形图片是根据版面内容的需要，对原图片沿圆形进行裁剪，这种形式是在保留原图主要内容的前提下，对矩形图片进行有目的的削弱，从而使其具有活泼、动感的视觉特征。经过裁剪而成的圆形图片能有效地增强版面的视觉冲击力和亲和力。图 4-31 所示为应用圆形图片的版式设计。

该宣传单页将版面分为两栏，分别介绍两种不同美食，使用文字与矩形图片进行搭配，中间使用分隔线进行分隔，使得版面中的内容清晰、直观。基于对角线的对称设计，使版面富有变化。

图4-30 应用矩形图片的版式设计

该瑜伽宣传单页，使用圆形作为版面的主体图形，通过设置不同大小的圆形，并且在圆形中放置摄影图片，使版面的表现效果活泼、引人注目。

图4-31 应用圆形图片的版式设计

3. 其他几何形状图片的处理

在版式设计中图片除了可以应用矩形和圆形这两种形状，还可以应用三角形、梯形等，具体的限定形状可以根据版面的设计内容和表现重点来决定。图片经过创造性的加工组合，往往使得版面更加新颖突出，具有表现力，给人们带来新鲜感，提高阅读兴趣。图 4-32 所示为几何形状图片在版式设计中的应用。

使用黑白人物摄影图片作为页面的满版背景，同时在版面中间位置，通过多个三角形图片的搭配组合来表现内容，三角形给人一种尖锐感和不稳定感，整个版显得时尚而富有个性。

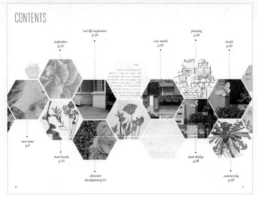

将图片处理为六边形的效果，通过多个六边形图片在水平方向上的组合排列，表现出类似蜂巢形状的效果，使版面稳定且具有个性。并且版面中使用了大量的留白，整体大方、简洁。

图4-32 几何形状图片在版式设计中的应用

4. 退底图片的处理

退底图片是在原图片中选出要使用的部分，沿图像轮廓进行剪裁，仅保留轮廓主题图形的一种图片处理方式。在裁切前需要明确所取部分和背景之间的边界，以确保图片裁切得精细、完整。退底图片具有动感效果，使版面显得轻松、活泼，可以充分展示所要传达的形象，吸引人们的视线。

在版式设计中大胆地使用退底图片，除了能够强调图片的存在感，还能进一步强化图片的诉求力。一些时尚杂志或产品宣传杂志，就常常将产品图片进行退底处理，这种呈现拍摄主体细节的编排手法，能达到宣传的目的。图 4-33 所示为应用退底图片的版式设计。

提 示

在版式设计中，使用退底图片与文字搭配时还需要注意，由于退底图片背景已经被裁切，需要留意拉开图片与文字内容之间的距离，距离太近容易给人造成一种压迫感。

5. 满版图片的处理

让图片充斥整个版面，是一种有效提高图片视觉冲击力的手段，常常用于抒情或运动主题中。但需要注意，在版面中过度地放大图片会给人造成憋闷的感觉。图4-34所示为应用满版图片的版式设计。

 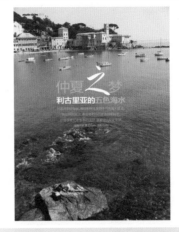

该设计使用黑色作为版面背景色，突出了美食图片的诱人色彩。版面中的美食图片均进行退底处理，与简洁的介绍文字搭配，并采用自由的排版风格，使版面给人一种轻松、悠闲的感觉。

该设计使用与主题内容相符的风景摄影图片作为版面的满版背景，并在版面的中间位置放置主题文字和简短的介绍内容，版面构图非常简洁，仿佛将读者带入该场景之中。

图4-33 应用退底图片的版式设计　　　　　　图4-34 应用满版图片的版式设计

提示

在版式设计中采用出血图片的表现方式，视觉传达效果直观而强烈。需要注意的是所选择的出血图片需要具有出色的意境，能够有效烘托版面，并且能够与所要表现的主题内容相吻合。

在版式设计中并不是所有出血图片都需要占满整个版面，也可以是左右出血或上下出血，再结合版面中的留白处理，为版面带来向外延展的感觉，使人们能够感知版面的开放性。

4.4 企业宣传折页的版式设计

宣传折页是常见的广告宣传形式之一，其通过清晰、明了的设计表现产品自身的特点，有助于促进消费者对产品做出决策。

4.4.1 案例分析

本案例是制作一个企业宣传折页，版面采用扁平化的设计风格，通过将一些不规则的大色块和倾斜图片相结合使版面具有现代感。版面设计中的大量留白，有效地突出了内容，文字内容排版简洁、自然，对比的文字配色设计，使内容清晰、易读。整个企业宣传折页给人一种简约、现代的感觉。

该企业宣传折页版式设计的最终效果如图 4-35 所示。

图4-35 企业宣传折页版式设计的最终效果

4.4.2 配色分析

　　蓝色能够给人一种科技感。本案例使用蓝色作为主色调，通过对蓝色进行微渐变处理，表现出色彩的层次感。蓝色与白色的搭配给人一种自然、清爽的印象，加入高饱和度的橙色几何图形作为点缀，与蓝色形成强烈的对比，使版面表现更加活跃并富有现代感。该企业宣传折页版式设计的主要配色如图 4-36 所示。

RGB（48、94、171）	RGB（73、190、206）	RGB（244、125、40）
CMYK（85、65、7、0）	CMYK（66、7、24、0）	CMYK（4、64、85、0）

图4-36 企业宣传折页的主要配色

4.4.3 版式设计进阶记录

　　宣传折页在日常生活中随处可见，其样式也千变万化。好的宣传折页不仅要把宣传的信息完整地表达出来，还要有独特的设计让人眼前一亮，使读者产生想进一步了解的欲望，这样才能有效传达折页中的信息内容。

　　图 4-37 所示为企业宣传折页版式设计初稿的效果。

图4-37 企业宣传折页版式设计初稿的效果

　　使用蓝色和白色分别作为折页中不同版面的背景颜色，对折页内容进行有效划分。每个页面中的文字内容都采用了左对齐的方式进行排版，版面缺少变化和活力，整体让人感觉单调。

图 4-38 所示为该企业宣传折页版式设计的最终效果。

图4-38 企业宣传折页版式设计的最终效果

该折页使用几何色块作为背景并横跨多个版面，打破各版面间的固有边界，具有动感。版面中的文字内容也采用了多种对齐排版方式，从而使折页中的文字内容表现形式丰富，阅读体验富于变化，整体折页版面表现更加丰富、现代。

🔴 设计初稿：版面单调，缺乏现代感

纯白色的背景加上蓝色的三角形装饰，每个版面中的文字内容几乎都采用了相同的排版方式，虽然整体版式清晰易读，但版面过于单调，缺乏变化和活力。图 4-39 所示为企业宣传折页版式设计初稿所存在的问题。

1. 纯白色背景搭配蓝色的三角形装饰，显得比较单调。

2. 采用满版背景图片，在版面底部通过三角形色块来突出企业名称和图标的表现，但缺乏设计感。

图4-39 企业宣传折页版式设计初稿所存在的问题

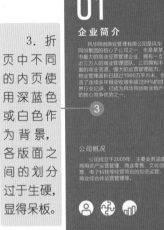

3. 折页中不同的内页使用深蓝色或白色作为背景，各版面之间的划分过于生硬，显得呆板。

4. 折页中所有文字内容都采用了传统的左对齐排版形式，没有变化，缺乏活力。

图4-39 企业宣传折页版式设计初稿所存在的问题（续）

🔶 最终效果：打破版面划分，使版面具有活力和现代感

使用几何形状的色块来打破版面之间的界限，并且在版面中加入高饱和度的橙色图形，通过色彩的对比，使宣传折页更具活力和现代感。图 4-40 所示为企业宣传折页版式设计的最终效果。

1. 在白色背景上加入橙色、蓝色和天蓝色等几何形状图形进行点缀，丰富版面视觉表现效果。

2. 版面中的文字内容采用多种不同的对齐方式进行编排，丰富版面的表现形式。

图4-40 企业宣传折页版式设计的最终效果

01
企业简介
风华同创商业管理有限公司是风华同创集团的核心子公司之一，也是某某市最大的商业经营管理企业，拥有一支近三万人的商业管理团队。公司拥有丰富的商业资源，强大的运营管理能力，物业管理面积已超过1000万平方米，创造了连续多年租金收款率超过99%的世界行业纪录，已成为风华同创商业地产的核心竞争优势之一。

公司概况
公司成立于2009年
主要业务涵盖商用资产运营管理
商业零售、文化创意、电子科技等
经营项目的投资运营
商业综合体运营管理等

经营理念
以客户为核心
诚信托付为原则

公司通过参与商业地产开发前期策划
将商业定位研究、商业规划设计、招商筹建
营销策划、品牌建设和工程物业后期营运需求
前贯到开发环节

实现了商业地产的订单制造和产业链整合
在提升企业效益的同时
也为商业合作伙伴缩短了项目开发周期，节省了运营成本
真正实现与合作伙伴共赢

03
经营管理
优化、整合商业管理的业务流程
营造开放、诚信的管理环境

商业项目形象管理 A
对商业项目进行统一的形象（CIS）策划和管理
以确保商业项目良好的形象和管理

商业卖场现场管理 B
对商业卖场进行统一、有序、科学的管理
确保投好、高起的销售环境

市场营销推广 C
制订商业项目整体营销和竞争策略
制订全年和阶段性的市场推广计划

02
团队工作

③ 3．使用几何形状色块横跨多个版面，打破固有的版面界限，使版面表现活跃，更具整体感。

④ 4．使用不同颜色的三角形图形设计，使版面表现更活跃，更具设计感和现代感。

图4-40 企业宣传折页版式设计的最终效果（续）

4.4.4 宣传折页版式设计赏析

分析过企业宣传折页版式设计进阶过程后，本节将提供一些优秀的宣传折页版式设计供读者欣赏，如图 4-41 所示。

该舞蹈课程宣传折页给消费者一种典雅、唯美的感觉。每个版面之间既统一又富有变化，这样不仅显得版面美观，还让消费者产生继续看下去的欲望，从而达到宣传的目的。

该运动宣传折页使用纯白色作为版面的背景色，搭配高饱和度的黄色，使版面具有活力。在文字内容的编排中，采用了统一样式的排版处理，便于读者对信息的检索和阅读。

图4-41 宣传折页版式设计赏析

　　该房地产折页的折叠方式并没有采用传统的水平折叠方式，而是采用了垂直折叠方式，将折页展开作为一个整体进行由上至下的排版设计。经过几何形状处理的地产宣传图片搭配厚重的字体，具有很强的现代感和设计感。主题文字的颜色大多使用了金色，象征着财富和地位，显得庄重、明朗，图文布局的层次明显，信息主次一目了然，显得大气、简约，同时保证了宣传效果。

图4-41 宣传折页版式设计赏析（续）

4.4.5 版式设计小知识——图片在版式设计中的作用

　　作为版面设计的重要元素之一，图片比文字更容易吸引读者的注意，不仅能直接、形象地传递信息，而且还能使读者从中获得美的感受。因此，图片的选择和编排处理对版面效果起着至关重要的作用。

1. 表现版面氛围

　　在设计中使用图片，特别是满版图片能够有效地渲染版面所要表现的氛围，而不同的排版和处理方式，也能表现出不一样的效果。在设计过程中，图片的选择非常重要。图 4-42 所示为使用满版图片渲染整体氛围。

　　矩形图片本身就有隐形的框，因此图片就像一幅画一样，具有鲜明的形象。如果将高明度的图片放在大量留白的版面中，两者的叠加效果将更沉静、知性。另外，如果想要进一步强调传统的印象，可以将左右版面编排成对称的形式。图 4-43 所示为大量留白在版面中的应用。

该版面使用绿色蔬菜和水果图片作为满版图片，吸引读者的视线，烘托版面主题。

通过左右对称的版面设计，凸显沉稳而古典的形象。大量使用留白，为版面营造了一种宁静、庄严的氛围。

图4-42 使用满版图片渲染整体氛围　　　　图4-43 大量留白在版面中的应用

2. 美化版面

对于版面设计而言构图同样重要，好的构图能让版面增色不少。在设计过程中，可以根据版面的构图方式来选择合适的排版方式。

当要设计的内容是两个存在对比关系的对象时，可以利用视觉设计进行左右对称的构图，进一步创造令人印象深刻的版面。尤其当具有象征意义的两张图片彼此对照时，更能直接而明确地传达内容，如图4-44所示。

在设计食物主题的版面时，如果希望通过版式设计来强化食物美味的感觉，可以将背景颜色设置为黑色或白色，这样能让食物看起来更加新鲜诱人，如使用黑色的器皿来凸显料理本身的鲜艳色彩。另外，可以使用大图来进一步突出食物的诱人，吸引读者目光，如图4-45所示。

在该跨页设计中，根据左右版面中所介绍的内容分别放置两张同样大小比例的图片，利用左右版面构成简单的对比关系，这也是利用版式设计来呼应及传达内容主题的常规方法。

图4-44 左右对称构图表现内容对比关系

右侧版面使用满版美食图片，充分吸引读者的目光。接近黑色的背景色，能有效突出食材的鲜艳色彩，引起读者的食欲。左侧版面以垂直方式居左排列多个美食图片，右栏以竖排的方式编排相关文字内容，同时搭配传统风格的纹样，体现中餐优雅、精致的特点。

图4-45 在食物主题版面设计中使用精美大图

4.5 总结与扩展

与其他广告媒介相比，宣传页可以直接将广告信息传递给真正的潜在消费者，具有成本低、转化率高等优点，是商家宣传自身形象和商品的良好渠道。

4.5.1 本章小结

通过本章对宣传页版式设计相关内容的讲解和分析，我们希望读者能够理解宣传页版式设计的表现方法和技巧，并能够应用到实际工作中。同时希望激发相关设计从业人员的创新与活力。

4.5.2 知识扩展——宣传页的设计要求

宣传页广告是指采用排版印刷技术制作以图文作为传播载体的视觉媒体广告。这类广告一般以单页或杂志、报纸、手册等形式出现，对其版式设计主要有以下几点要求。

1. 了解产品，熟悉消费者心理

设计师需要透彻地了解商品，从消费者的心理出发做真正吸引受众的版式设计。

2. 新颖的创意和精美的外观

宣传页的设计形式没有固定的法则，设计师可以根据具体的情况灵活运用，自由发挥。宣传页设计要新颖有创意，印刷要精致美观，才能吸引更多的关注。

3. 独特的表现方式

设计制作宣传页时要充分考虑其用纸、折叠方式、尺寸大小、实际重量等，便于传递或邮寄。设计师可以在宣传页的折叠方法上玩一些小花样，如借鉴中国传统折纸艺术的形式，让人耳目一新，但切记要使受众能够方便阅读。

4. 良好的色彩与配图

在为宣传页配图时，多选择与所传递信息有直接关联的图案，强化受众的记忆。设计制作宣传页时，设计者需要充分考虑色彩的魅力，合理地运用色彩可以起到更好的宣传作用，给受众群体留下深刻的印象。

此外，好的宣传页还需要纵深拓展，形成系列，以积累广告资源。在普通消费者眼里，宣传单页与街头散发的小广告没有太大的区别，要想打动消费者，就需要在设计上下一番功夫。如果想设计出精美的宣传广告页，就必须借助一些有效的广告版式设计技巧来增强设计的宣传效果。这些技巧能使设计的宣传页看起来更具吸引力，成为建立产品与消费者之间良好互动关系的桥梁。图 4-46 所示为设计精美的宣传广告页。

图4-46 设计精美的宣传广告页

第5章
户外广告版式设计

　　户外广告设计，首先要考虑广告要告诉人们什么，要以直接显示该主题的图形形式引导整个版面，让人们的目光一接触到广告，就能立即正确接收到它表达的讯息。户外广告的形式多样，如汽车车身广告、公路沿线广告、城市道路灯杆挂旗广告和电子屏幕广告等。本章将介绍有关户外广告版式设计的相关知识和内容，并通过对商业案例的分析讲解，使读者能够更加深入地理解户外广告版式设计的方法和技巧。

5.1 户外广告版式设计概述

户外广告（OutDoor）简称"OD"，主要是指在城市的交通要道两边，在主要建筑物的楼顶和商业区的门前和路边等户外场地发布的广告。户外广告用于对外进行展示，以达到推销商品的目的。

5.1.1 户外广告版式的构成要素

户外广告的版式构图丰富多样，可以灵活运用，包括满版式构图、对角式构图、聚集式构图、导引式构图、立体式构图和自由式构图等类型。大部分的构图方式都要以简洁明了为基本要求。文字、图像和色彩是户外广告设计的三大要素。

1. 文字

不同于其他广告，户外广告中的文字信息应尽量主题明确，力求以最少的文字达到最佳的宣传效果，如图 5-1 所示。

图5-1 户外广告版式中的文字设计

> **提示**
>
> 户外广告的文字内容主要涉及品牌名、产品名、企业名或广告用语，应避免使用过多的字体，注意应用企业的标准字。

2. 图像

户外广告必须在短时间内抓住行人的眼球，因此广告中的图像要有极强的视觉冲击力，并且构图不能过于复杂，如图 5-2 所示。

图5-2 富有视觉冲击力的户外广告图像

3. 色彩

色彩关系是户外广告给人的第一印象。户外广告中的色彩只有非常准确地传递广告主题的情感，才能使人产生共鸣，并让人留下深刻印象。在户外广告的设计中应注意色彩明度、纯度和色相等因素彼此间的对比、统一关系，注意运用企业和产品的标准色或形象色。图 5-3 所示为户外广告版式中的色彩运用。

图5-3 户外广告版式中的色彩运用

5.1.2 户外广告版式的设计要点

由于户外广告的目标受众在广告前停留的时间短暂，往往是快速经过，所以能接收的信息容量有限。而要使受众在短时间内理解并接受户外广告传递的信息，其就必须能够起到强烈地给人提示和强化印象留存的作用。因此户外广告的版式设计应力求简洁，重点传达企业自身的品牌标志形象或产品形象，充分展现企业和产品的个性化特征，注重设计的直观性，表现手法的统一性和连贯性。

户外广告设计要对广告所要宣传的产品、消费对象、企业文化做出科学的前期分析，对消费者的消费需求、消费心理等诸多领域进行探究，这是市场营销战略的一部分，也是对产品属性进行定位。没有准确的定位，就无法形成完备的广告运作框架。

户外广告版式设计，一方面要讲究质朴、明快，易于辨认和记忆，注重解释功能和诱导功能的发挥；另一方面应体现创意性，将奇思妙想注入其中，如图 5-4 所示。

户外广告版式设计可以增加一定的诱导性与互动性，可以通过制造悬念的方式来吸引消费者的注意力，也可以在广告中加入有趣的互动功能，从而达到广告的目的，如图 5-5 所示。

图5-4 富有创意的户外广告　　　　　图5-5 在户外广告中加入趣味互动

5.1.3 户外广告版式的视觉流程

户外广告版式的视觉流程与招贴海报版式的视觉流程比较相似。

首先，需要有足够夺人眼球的视觉元素，如巨大的尺寸、奇特的外形、与众不同的色彩、夸张的图形等，以引起行人的注意，如图 5-6 所示。但切记这些元素一定要符合广告的主题及风格，不可为了追求视觉刺激而使用与主题不符的元素及表现手法，否则会弄巧成拙。

图5-6 通过奇特的视觉元素吸引人们的眼球

其次，成功引起人们注意之后，就需要进一步让人明白广告要宣传什么，这时就要用文字来具体说明。由于户外广告的特殊性，不允许读者有过多的时间停下来阅读，因此简单、精准的文案是户外广告版式设计的重点，同时搭配适当的字体、字号以使信息的传达更有效，如图 5-7 所示。

图5-7 通过简洁的文案表现户外广告主题

最后，需要对广告所宣传的产品或主题再次强调，强化读者记忆。

提示

大型户外广告牌因为其尺寸比较大，通常都是采用喷绘的方式。喷绘机使用的介质一般都是广告布，包括外光灯布和内光灯布，前者用于普通画面，后者用于灯箱，墨水使用油性墨水。喷绘公司为了确保画面的持久性，一般画面色彩比显示器上的颜色要深一点，版式设计实际输出的图像分辨率为30~45dpi。

5.2 旅游宣传灯箱广告的版式设计

每一个户外广告都是一件街头艺术品，户外广告画面应该具有视觉冲击力，并力求新颖，此外还必须具有独特的艺术风格。

5.2.1 案例分析

本案例是设计一个古镇旅游宣传灯箱广告，整个版面采用上下结构式构图，上半部分为古镇的实景图片，下半部分为宣传文案，在图片与文案之间加入手绘的祥云图案进行过渡，突出古镇的古朴、传统和典雅气质。文案内容的背景加入了水墨风格的民居、远山和柳叶等图形，渲染整体氛围，文字采用居中对齐的排版方式，并且对主题文字进行了艺术化处理。文案部分既有大小对比，又有色彩的对比，突出重点信息。该旅游宣传灯箱广告的版面整体给人清新、自然的感觉，体现出古镇的古朴与典雅。

该旅游宣传灯箱广告版式设计的最终效果如图 5-8 所示。

图5-8 旅游宣传灯箱广告版式设计的最终效果

5.2.2 配色分析

该古镇旅游宣传灯箱广告使用高明度的浅青蓝色作为背景主色调，给受众一种清爽的印象。主题文字使用了高饱和度的青蓝色，与背景的浅青蓝色搭配，使版面的色彩和谐、统一，而色彩之间则通过明度对比制造层次感，突出主题文字。局部点缀深红色文字，增强文案内容的层次。该旅游宣传灯箱广告整体给人一种清爽、自然、和谐的印象，其主要配色如图 5-9 所示。

RGB (202、244、239)
CMYK (25、0、12、0)

RGB (31、132、127)
CMYK (82、38、54、0)

RGB (152、44、35)
CMYK (44、94、100、13)

图5-9 旅游宣传灯箱广告版式的主要配色

5.2.3 版式设计进阶记录

向流动人群推销是所有户外广告具有的一个共同点，而受众经过户外广告的时间不超过 10 秒，特别是驾车经过，所以户外广告的版式设计需要简练、主题突出。

图 5-10 所示为该旅游宣传灯箱广告版式设计初稿的效果。

使用书法字体表现广告主题文字，并采用竖排的方式进行排版，体现出广告传统与古朴的气质，但版面中的文字既有竖排也有横排，容易造成视觉混乱。棕色的主色调使整个旅游户外广告给人复古、怀旧之感，但没有凸显当地独具特色的小桥流水的自然风光。

图5-10 旅游宣传灯箱广告版式设计初稿的效果

图 5-11 所示为该旅游宣传灯箱广告版式设计的最终效果。

图5-11 旅游宣传灯箱广告版式设计的最终效果

该设计采用上下结构的构图方式，文字部分采用浅青蓝色作为背景色，并且加入手绘的祥云、柳叶等元素，丰富版面的视觉表现力。其中主题文字采用了艺术化设计，将现代与传统相结合，体现出旅游小镇的古今融合的特色风光。

● 设计初稿：排版形式不统一，无法体现古镇的自然风光

使用竖排的书法字体来表现该旅游宣传广告的主题，与棕色的背景搭配，给人一种古朴、怀旧的

印象，但无法体现出古镇的特色风光。此外，文案的排版显得混乱，不便于阅读。图5-12所示为旅游宣传灯箱广告版式设计初稿所存在的问题。

1. 宣传图片与背景之间使用蒙版渐变过渡，稍显单调和普通。

2. 该古镇是一个传统江南水乡，使用棕黄色作为主色调，与人们固有的印象不符，无法体现古镇的特色。

3. 该宣传广告主题文字使用书法字体，但版面中没有其他传统文化元素与之呼应。

4. 版面中的文案内容排版形式混乱，既有竖排文字也有横排文字，不便于阅读。

图5-12 旅游宣传灯箱广告版式设计初稿所存在的问题

🔺 最终效果：体现出自然与传统的融合

为了更好地体现该古镇江南水乡的特色，该宣传广告使用高明度的浅青蓝色作为主色调，同时加入手绘的传统图形元素。文案部分采用统一的水平居中方式，体现出整体感和秩序感。图 5-13 所示为旅游宣传灯箱广告版式设计的最终效果。

1. 在宣传图片与文案之间加入手绘的祥云图形元素，体现出古朴与传统，同时增加了版面层次。

2. 使用青蓝色作为版面主色调，展现了古镇小桥流水的自然风光特色。

3. 对主题文字进行艺术化设计，体现出传统与现代的融合。

4. 文案整体采用水平居中的形式进行排版，同时文字之间又存在字号、色彩的对比，主次分明、一目了然。

图5-13 旅游宣传灯箱广告版式设计的最终效果

5.2.4 户外广告版式设计赏析

分析过旅游宣传灯箱广告版式设计进阶过程后，本节将提供一些优秀的户外广告版式设计供读者欣赏，如图 5-14 所示。

该公交候车亭广告将整个候车亭打造成一个类似果园的环境，使人仿佛置身于果园当中，通过绝妙的创意突出产品给人带来的自然感受。

该啤酒广告富有创意地将啤酒杯与玻璃门把手结合在一起，顾客进入店内前手握拉手就会看到该啤酒广告，醒目，宣传性很强。

某品牌咖啡户外广告，将路边的路灯设计成咖啡壶与咖啡杯的效果，生动地展示了品牌形象。

该商品促销户外广告的设计非常简洁，将主题文字"SALE"（促销）通过变形处理为女鞋的形状，非常形象地突出了主题，将折扣力度的文字放大，与版面中的其他文字形成对比，突出促销折扣信息。

图5-14 户外广告版式设计赏析

5.2.5 版式设计小知识——版式设计的原则

优秀的版式设计能够准确地介绍产品和服务、落实营销策略、推广企业品牌并实现消费者的感知和认同。为了能够更好地将营销策略转化为一种可以与消费者建立沟通的具体视觉表现，需要通过将图形、文字、色彩等众多设计元素进行富有形式感及个性化的编排组合，做到内容上突出主题，形式上各得其所、统一有序，这就要求在版式设计过程中遵循一定的设计原则。

1. 主题条理性

主题作为视觉感知的首要元素，在很大程度上决定着能否将商品、广告等信息准确、快速地传达给消费者。因此，设计本身不是目的，设计是为了更好地传播信息。好的设计应当使版面具有条理性，能很好地突出主题，达到最佳的传播效果。图 5-15 所示为主题突出的版式设计。

2. 艺术审美性

版式是传达信息的载体，其需要能够在准确传达信息内容的基础上增强其艺术性和文化性。版式设计的目的就是对各种主题内容的版面格式进行艺术化或秩序化的编排和处理。因此版式设计应该在尊重信息传递这一功能性的基础上考虑其艺术性。

版式设计的审美性体现在其内容与形式的统一。版面编排追求形式美，不仅要保证版面信息的有效传达，而且要根据内容采用相应的编排形式。版面内容要恰如其分、有所升华地表现出来，文字、图形、色彩等元素要符合审美规律。图 5-16 所示为具有艺术审美的版式设计。

该活动宣传海报采用垂直视觉流程，在版面的中间位置使用大号的粗体字，并搭配相应的图形来突出主题的表现，视觉流程清晰，主题突出。

该版面使用多个与游乐文化相关的图片进行合成处理，使整个版面融为一体，突出了娱乐与游乐文化信息内容。版面使用蓝色作为主色调，并且使用多种不同的色彩进行点缀，表现出精彩纷呈的效果，整个版面的设计富有活力。

图5-15 主题突出的版式设计　　　　　　　　　图5-16 具有艺术审美的版式设计

3. 独创性

鲜明的个性是版式设计创意的灵魂。个性表现是艺术设计的生命力所在，是突出版面风格品位、吸引受众的主要手段。为了突出个性，可以通过强化版面的空间构成，文字、图形、色彩的编排方式等手段来表现。在版式设计中多一点个性就会少一些共性，多一点独创性就会少一点一般性，只有找出与众不同的看法和思路，赋予其新的性质和内涵，才能使作品从外在形式到内在意境都表现出设计师独特的艺术见地。图 5-17 所示为独创性在版式设计中的应用。

4. 趣味性

在版式设计中，为了能够有效吸引读者的视线，常会通过幽默、诙谐等极富趣味性的设计来达到信息传递的目的，给人以艺术感染。具有趣味性的版式在与受众沟通中的作用是不可低估的，它可以有效减少人们对商业信息的逆反心理，使受众在轻松愉悦的视觉阅读中自然而然地接受信息，使沟通的气氛融洽，使沟通的效果趋于完美。版式设计的趣味性，可以反映设计者诙谐风趣的构思，是设计者驾驭视觉图形语言能力强有力的体现。图 5-18 所示为趣味性在版式设计中的应用。

> **提 示**
>
> 版式设计的趣味性主要体现在图形、文字、色彩及其编排上，如图形的写实与变形、抽象与夸张、拟人与物化，文字的形随意变、求形淡意、形意参半等。

将两种不同风格的女装使用颠倒对称的方式放在版面中，使用字母"S"贯穿版面，将版面内容融为一个整体，并将品牌名称文字点缀其间，整体设计创意性十足，给人留下深刻的印象。

该宣传广告单页，通过使用卡通图形及夸张可爱的卡通表情表现主题，风趣幽默，给受众带来不一样的视觉感受。

图5-17 独创性在版式设计中的应用　　　　　　图5-18 趣味性在版式设计中的应用

5. 整体性

版式设计的整体性原则，是指将版面中各种视觉传达要素 —— 图形与图形、图形与文字等在编排处理上做整体的设计。版式设计中的各要素之间要相互联系，如果没有整体构思，将会出现凌乱、支离破碎，甚至是相互冲突的版面效果。

版面的整体感是指通过加强整体的组合构成及文字的集合性和条理性，强化主体色彩，协调各设计元素，使版面各元素组织周密、安排有序，从而达到信息与观念有效传播，内容与形式统一，局部与整体统一的效果。

对版式设计的各种视觉传达要素在编排结构及色彩上做整体设计，一方面可以加强整体的结构组织和视觉秩序，如水平结构、垂直结构、斜向结构、曲线结构；另一方面可以加强文案的集合性，将文案中的多种信息合成块状，使版面具有条理性；还可以加强版面的整体性，无论是展开版还是跨页版的产品目录，都可以在同一视线下编排、展示等。通过对版面的文字和图形之间的整体组织与协调，使版面具有秩序美、条理美，从而获得良好的视觉传达效果。图 5-19 所示为整体性在版式设计中的应用。

该版面设计，使用旅游目的地的夜景图片作为满版背景，渲染出旅游目的地的氛围。通过分栏的形式介绍旅游目的地的相关景点，每一栏介绍一个景点，均采用图片与文字相结合的形式，表现形式统一，版面内容清晰、易读。

该版面使用楼盘效果图作为跨页大图，并且在其下方放置多个尺寸相同的小图片，图片与图片之间留有相同的空隙，使跨页中的多个图片形成一个整体，具有很强的秩序感和整体感。版面左侧放置相应的文字内容，条理清晰。

图5-19 整体性在版式设计中的应用

5.3 房地产户外广告的版式设计

　　户外围挡广告通常不能设计得过于复杂，因为很少有人会停下脚步仔细地看广告的内容，所以设计制作围挡广告时需要注意广告画面要精美流畅，主题内容要简洁，使人一眼就能明白广告的主题和含义。

5.3.1 案例分析

　　该房地产户外广告，主要是以该房地产项目的建筑效果图为主要素材，充分展示该房地产项目的精美外观和优秀品质。在版面中还使用了该房地产项目的标志图片素材，加深受众对该房地产项目的印象。通过简洁的弧线进行构图，使整个广告版面非常流畅。设计精美的地产项目效果图，给人留下了深刻的印象，搭配地产标志和主题文字，简单明了地阐述了广告主题。

该房地产户外广告的最终设计效果如图 5-20 所示。

图5-20 房地产户外广告的最终设计效果

5.3.2 配色分析

该房地产户外广告的色彩搭配很好地表现了产品高贵奢华、无尽荣耀的特征：紫色象征着高贵，黄色占据着整体图形的中间位置，有种光芒四射的感觉，深蓝色具有一种沉稳、冷静的气质，与黄色形成视觉上的冲击和对比。

该房地产户外广告的主要配色如图 5-21 所示。

RGB（223、192、93）	RGB（8、37、58）	RGB（116、83、146）
CMYK（15、25、70、0）	CMYK（98、88、62、42）	CMYK（64、73、13、0）

图5-21 房地产户外广告的主要配色

5.3.3 版式设计进阶记录

在户外广告中，图形最能吸引人们的注意力。需要注意的是，画面形象越繁杂，给人的感觉越凌乱；画面越简单，受众的注意力也就越集中，适当留白能给人们留下充分的想象空间。

图 5-22 所示为该房地产户外广告设计初稿的版式效果。

图5-22 房地产户外广告设计初稿的版式效果

　　该版式设计非常简洁、直观，无论是宣传效果图还是主题文字的表现都非常突出，但整体显得单调、乏味，缺少吸引力。

图 5-23 所示为该房地产户外广告最终的版式设计效果。

图5-23 房地产户外广告最终的版式设计效果

　　该设计通过绘制曲线弧状色块，将画面分割为上下两个部分，使广告版面表现出流动感。对地产标志和主题文字以上下结构进行编排，整体表现简洁、大方，主题突出。

🔘 设计初稿：主题突出，但版式设计单调、乏味

初稿试图通过简洁大方的设计来突出主题的表现，但是整个版面表现非常单调、乏味，缺乏层次感。图 5-24 所示为房地产户外广告设计初稿所存在的问题。

1. 在广告版面下方使用了普通的矩形色块，与背景的满版图片分割不明显，色块与图片混在一起，画面完全失去了活力。

2. 将广告语放在版面的左下方，导致广告版面上方过于空旷，版面整体看起来不协调。

3. 版面底部搭配深蓝色的矩形色块，色彩单调，缺乏层次感。

图5-24 房地产户外广告设计初稿所存在的问题

🔘 最终效果：主题突出，同时版面具有流动感

为了使该户外广告的版面在保证主题突出的前提下具有层次感，在版面顶部加入圆弧状的色块，同时加入金黄色的渐变色彩勾边，不仅使广告版面的表现具有流动感，也使版面的视觉表现更具层次感。图 5-25 所示为房地产户外广告设计的最终效果。

1. 在版面中通过流畅的圆弧状图形给整个广告版面带来一种流动感，打破了版面的沉闷。

2. 宣传文字叠加放在满版图片左侧，与图片相辅相成，更好地突出广告的主题。

3. 使用深蓝色圆弧状图形对版面进行分割，同时加入金黄色渐变色彩勾边，与地产标志色彩相呼应，同时也增加了版面的色彩层次。

图5-25 房地产户外广告设计的最终效果

5.3.4 户外广告版式设计赏析

分析过房地产户外广告版式设计进阶过程后，本节将提供一些优秀的户外广告版式设计供读者欣赏，如图 5-26 所示。

将该巧克力户外广告牌设计成与产品实物完全相同的形状，戏剧化地搭配一些在争抢巧克力的立体人物造型，表现效果突出。

该安全行车户外广告的表现效果非常突出、醒目，使用两车相撞的画面，并且将相撞的部分制作成立体的堆叠效果，逼真地还原两车相撞的场景，具有很强的警示作用。

该面包店户外广告，应用极简的设计风格，在版面中间对主题文字进行垂直排列，而面包图像则叠加于主题文字之上，构成版面的视觉中心点。大量留白的处理，使得该户外广告的主题表现非常直观、明确。

该女装品牌的户外广告设计采用了上图下文的居中排版方式，将穿着新上市服饰的模特图片放在版面上方，占据较大面积，视觉效果突出，下方居中排列简单的广告主题文字，主题表达明确、清晰。

图5-26 户外广告版式设计赏析

5.3.5 版式设计小知识——版式设计中的视觉导向

版式设计的意义在于通过有计划地组织编排图文、色彩，使读者能够按照设计人员预设好的视觉顺序，了解所传达的信息内容。设计师首先应该根据相关设计素材，包括文字、图形、色彩等信息，安排好构图形式与视觉流程，以独特的视觉秩序去引导读者，使读者的视线跟随引导在版面中移动，逐步将读者引向版面的主题。版式设计中的视觉导向通常包括以下几种。

1. 水平视觉导向

版式设计中的水平视觉导向是指将版面中各视觉形象元素在水平方向进行排列的方式。考虑到读者的阅读习惯，水平导向的版式一般由左至右进行排列。水平线给人静止、安定、平和的视觉感受，因此水平视觉导向的版式设计可以产生稳定、静态的版面效果。图 5-27 所示为采用水平视觉导向的版式设计。

2. 垂直视觉导向

垂直视觉导向是版式设计中常用的视觉导向形式。将版式中的众多视觉元素由上至下在垂直方向上进行排列，可以给人一种理性、严肃、庄重的视觉心理感受。随着视线的上下移动，表现出一种力的美。图 5-28 所示为采用垂直视觉导向的版式设计。

该画册使用楼盘效果图作为跨页满版图片并放在版面上方，下方从左至右分别放置标题文字和正文内容，版面的视觉效果清晰、易读。

在该海报中，在版面中间位置安排相应的主题内容，由上至下依次为标志、主题文字、说明文字等，版面显得理性、庄重。

图5-27 采用水平视觉导向的版式设计　　　　图5-28 采用垂直视觉导向的版式设计

3. 斜向视觉导向

斜向视觉导向是指将版面中的视觉要素按照预设好的位置进行倾斜排列的方式。倾斜排列具有飞跃、向上或前进的感觉，表现出一种力量感，因此这种版式能以其不稳定的动态视觉感受，吸引读者的目光。图 5-29 所示为采用斜向视觉导向的版式设计。

4. 曲线视觉导向

曲线视觉导向是指将版面中的各视觉要素沿曲线进行排列的内容编排方式。各视觉要素随弧线或回旋线进行运动变化，给人一种柔美、优雅的视觉感受。曲线视觉导向虽不如水平导向、垂直导向那样直接、简明，但更具韵味，富有节奏感和动态美。例如，弧线形"C"饱满、扩张，具有一定的方向感，回旋形"S"则是两个相反的弧线产生矛盾回旋，能在版面中增强深度感和动感。图 5-30 所示为采用曲线视觉导向的版式设计。

该交通安全宣传海报，沿版面中的线条对汽车和主题文字等内容进行倾斜处理，使版面给人一种动感。

图5-29 采用斜向视觉导向的版式设计

该画册创意性地将产品与文字介绍内容组合成一个圆形并放在版面中间位置，而其他元素则围绕这个圆形进行排版，这种"C"形弧线视觉导向使版面具有韵味和方向感。

图5-30 采用曲线视觉导向的版式设计

提示

曲线视觉导向包括几何曲线和自由曲线导向两种形式：几何曲线如抛物线、"S"线等表现规整，其设计具有简单明了和柔美的双重视觉效果；自由曲线随意、流畅、充满生机。自由曲线的版式设计灵活多样。

5. 核心视觉导向

核心视觉导向是指在版面中选择一处位置进行重点信息的传达，也就是说以一个具有强烈视觉效果的图形、文字或色彩形象，作为版面的核心位置，这个位置可以根据版面的整体安排而定，使读者的视线由版面核心向周围散开。表现形式既可以为向心式视觉运动，又可以为离心式视觉运动：向心式给人一种力的聚集的感觉，离心式则给人一种力的发散的感觉。核心视觉导向可以使诉求主题鲜明突出，给读者直观、强烈的视觉感受。图 5-31 所示为采用核心视觉导向的版式设计。

6. 导示视觉导向

在版面中有计划地利用图形、文字或色彩等设计元素，引导读者按照预设好的视觉导向进行阅读，最终将读者视线引至该版面主要信息诉求之外的区域，即为导示视觉导向。图 5-32 所示为采用导示视觉导向的版式设计。

该房地产宣传广告使用核心视觉导向，使用矩形方块构成版面中主体图形，在主体图形的中间位置，使用多边形色块来突出主题的表现，使视线向中心聚集。

该杂志内页将文字与色彩相结合作为视觉导向，读者可以清晰地、依次阅读版面中的内容。

图5-31 采用核心视觉导向的版式设计　　　　图5-32 采用导示视觉导向的版式设计

> **提示**
>
> 在版式设计过程中，设计人员应根据设计的目的和要求，结合读者群体特点，设计灵活、生动的视觉顺序。版式设计中的导示形象表现形式多样，包括直接导示、间接导示、实形导示、虚形导示、文字导示等。

> **提示**
>
> 以上介绍的6种版式设计中的视觉导向并不是孤立的，它们之间有着内在的联系。在版式设计中，不能片面地追求单一的设计方式，而应该在熟悉各种基本编排技能的前提下进行灵活的运用。

5.4 活动宣传户外广告的版式设计

　　户外广告应该以简洁、直观为主，通过对版式的设计处理，突出广告主题的表现，使人一目了然。户外广告要选择好的地段，在多个关键地段设立广告牌，并配合其他媒介，才能达到好的宣传效果。

5.4.1 案例分析

　　本案例是制作一个活动宣传广告，其使用扁平化的设计思想，在版面的中心位置通过超大号的字来突出表现活动主题，简单大方、美观得体。该户外广告的版式设计遵循简单的设计思想，对主题文字进行适当的变形处理—— 为主题文字整体添加描边和长阴影效果，并融入与该活动相关的一些图形元素，使得主题文字的表现突出，层次感强，并具有一定的立体感。

　　该活动宣传户外广告效果如图 5-33 所示。

图5-33 活动宣传户外广告效果

5.4.2 配色分析

该活动宣传户外广告使用浅灰色与高饱和度的黄色，将版面划分为上下两个部分，上半部分为主题文字区域，下半部分为活动举办单位等相关信息，这种无彩色与有彩色的搭配，对比强烈。上半部分的灰色渐变背景搭配高饱和度的黄色渐变主题文字，并且对主题文字应用了多重描边处理，深蓝色的描边与黄色渐变填充同样形成强烈的对比，有效地突出了主题文字。在该活动宣传户外广告的版式设计中，多次使用了渐变、描边、阴影等方式，有效地增强了版面的色彩层次感。

该活动宣传户外广告版式的主要配色如图 5-34 所示。

RGB（192、192、192）	RGB（234、195、68）	RGB（26、31、65）
CMYK（28、23、21、0）	CMYK（14、27、79、0）	CMYK（96、97、56、37）

图5-34 活动宣传户外广告的主要配色

5.4.3 版式设计进阶记录

户外广告的版式设计应该尽可能简洁、直观，具有很好的远视性，让人们从很远的地方看一眼就能够理解该广告的主题，这样才符合户外广告视觉传达的核心。

图 5-35 所示为活动宣传户外广告版式设计初稿的效果。

图5-35 活动宣传户外广告版式设计初稿的效果

在高饱和度的黄色背景中加入建筑物图片素材，整体背景稍显复杂，将主题文字放在版面的中心位置，并分别使用蓝色与黑色，但文字并没有字号大小的差别，无法明确该广告的主题是活动宣传还是楼盘宣传。

图 5-36 所示为该活动宣传户外广告版式进阶效果。

图5-36 活动宣传户外广告版式设计进阶效果

该户外广告使用纯色的背景，并通过使用不同的颜色将广告版面划分为上下两个部分。在上半部分使用大号的字体来表现活动主题，使用小号字体来表现楼盘名称，通过大小对比、色彩对比，充分突出活动主题，视觉效果清晰、醒目。

◐ 设计初稿：背景复杂，主题表现不明确

为了使该户外广告的视觉表现效果更加丰富，在背景中加入了楼盘项目效果图，但视觉效果稍显混乱，并且楼盘名称与活动名称字体大小相同，导致主题不明确。图5-37所示为活动宣传户外广告版式设计初稿所存在的问题。

1. 在黄色的背景中加入楼盘项目效果图，视线会被图片吸引，影响主题的传达。

2. 楼盘名称与主题文字虽然使用了不同的颜色和字体，但字体大小相当，无法明确广告的主题。

3. 版面整体使用黄色作为主色，搭配蓝色和黑色的文字，但缺乏层次感，显得单调。

4. 主题文字只采用了简单的描边处理，设计感不强，缺乏视觉层次感。

图5-37 活动宣传户外广告版式设计初稿所存在的问题

🔟 最终效果：层次感强，主题明确、突出

　　该活动宣传户外广告使用纯色作为背景色，并且通过色块将版面划分为上下两个部分，在上半部分通过对主题文字进行图形化设计，有效突出主题文字的表现，并且通过色彩、描边、阴影等处理方式，有效增强版面的视觉层次感。图 5-38 所示为活动宣传户外广告版式设计的最终效果。

　　1. 上半部分使用径向渐变的浅灰色作为背景色，使人们的视线聚焦于版面中心的主题文字。

　　2. 楼盘名称文字使用小号字体，而主题文字使用超大号加粗字体，形成强烈的对比，主题明确、突出。

　　3. 使用灰色与黄色将版面划分为上下两个部分，表现出版面层次感的同时，也有效区分了版面中的不同内容。

　　4. 对主题文字进行简单的图形化处理，并加入与活动主题相关的图形元素，并对主题文字进行多重描边处理，从而使其表现醒目、突出。

图5-38 活动宣传户外广告版式设计的最终效果

5.4.4 户外广告版式设计赏析

分析过活动宣传户外广告版式设计进阶过程后，本节将提供一些优秀的户外广告版式设计供读者欣赏，如图 5-39 所示。

该打折促销户外广告，使用纯白色作为版面背景色，在版面中间位置使用大号粗体字表现主题文字并且置入图像纹理，对其他文字内容则设置了不同的粗细和大小，从而使文字内容之间形成大小、粗细对比，很好地表现了广告主题。

该户外广告巧妙地将女性人物头像与图书进行叠加，将其作为广告主题放在版面的中心位置，并占据较大的版面，给人留下深刻的印象。

该墨镜产品的户外广告采用了对角线构图，使用浅黄色与蓝色倾斜分割版面背景，墨镜产品图片沿对角线进行排列，将广告主题文字放在版面的右下角，版面对比强烈，产品表现突出。

该活动户外广告将退底处理的汽车图片与大号的主题字进行叠加，表现出强烈的空间感。其他说明性文字放在版面的边角上，版面中间的主题非常突出。

图5-39 户外广告版式设计赏析

5.4.5 版式设计小知识——版式设计的美学形式

版式设计有其独特的设计美学形式和法则，它通过运用重复与交错、节奏与韵律、对称与均衡、对比与调和、比例与适度、变异与秩序、虚实与留白等形式美构成法则，使读者在接受版面信息的同时也能体会到版式设计的形式美。

1. 重复与交错

在版式设计中，重复与交错是指将同一设计元素重复交错排列成一个独立存在、完整的图形，使图形具有视觉上的秩序美，起到强化特定信息的作用。根据设计对象需要传达的主要信息特征，将文字、图形等基本要素进行重复或交错编排，能够使版面产生稳定、整齐、规律和统一的视觉效果。图5-40 所示为重复与交错在版式设计中的应用。

2. 节奏与韵律

节奏与韵律，在现代版式设计中被广泛应用，符合人们的视觉审美特征。节奏是按照一定的条理和秩序，重复、连续地排列，形成一种律动形式，包括等距离的连续及渐变、大小、长短、明暗、形状、高低等排列形态。如果在节奏中注入美的因素和情感，使之一体化就有了韵律。合理地运用节奏与韵律，能够增强版式设计的感染力，丰富版面的艺术表现力。图5-41 所示为节奏与韵律在版式设计中的应用。

在该活动海报中，主题文字"2"充满整个版面，并且进行透视处理。同时对文字"2"进行重复交错排列，并使用不同的颜色，使画面具有很强的立体感和纵深感，同时深化了版面的主题。

该海报使用相同大小的圆形点缀在版面背景中，并且在各圆形中填充不同的人物头像。多个圆形进行重复错位排列，使画面具有韵律感，很好地突出了版面中主题图形和文字的表现。

图5-40 重复与交错在版式设计中的应用

图5-41 节奏与韵律在版式设计中的应用

3. 对称与均衡

对称与均衡是版式设计中形式美法则的重要表现形式，对称是以一个视觉上可见或不可见的轴线为分界，在轴线两边以同形、同量的样式存在的艺术形式。在画面中两个同一形状的并列与均齐，实际上就是最单纯的对称形式。均衡是指在轴线两边的形状，不一定同形，但保持量的均衡，强调一种视觉感受的平衡。图 5-42 所示为对称与均衡在版式设计中的应用。

4. 对比与调和

对比是版式中的各元素之间相同或不同的内容，所表现出的差异性，是把两个要素互相进行比较，产生大小、明暗、黑白、强弱、粗细、疏密、高低、远近、软硬、曲直、浓淡、动静、轻重等一系列的对比。对比最基本的作用是，显示主从关系和体现统一变化的效果，从而达到快速准确传达信息的目的。在版式设计中，整体内容和形式宜调和，局部内容宜对比。图 5-43 所示为对比与调和在版式设计中的应用。

在该电影海报中，在版面的左右两侧分别放置两个人物侧脸，从而构成相对对称的构图。中间部分则采用简洁的方式放置相应的图片和主题文字，版面稳定，主题突出。

该海报使用黑白的满版人物作为背景，在版面的中间位置放置高饱和度的红色色块，将其作为主题文字的背景，红色色块与版面背景形成强烈的对比，主题突出。

图5-42 对称与均衡在版式设计中的应用

图5-43 对比与调和在版式设计中的应用

5. 比例与适度

版式设计中各元素在画面中所占的比例，主要是指画面中整体与局部、局部与局部之间数量和面积的比值。一个好的版式设计，应该具有合理的比例关系，如等差数列、等比数列、黄金比例等。其中黄金比例一直是人们在各个领域运用较多的法则，它能使版面中各部分之间产生最大限度的和谐，使被分割的版面不同部分之间产生联系，具有美感。图 5-44 所示为比例与适度在版式设计中的应用。

6. 变异与秩序

变异是指在一种较有规律的平面形态中进行小范围、局部的变化，从而突破原有的较为规范的、单调的构成形式。其主要特征是在性质普遍相同的造型或色彩中，出现个别异质性表现，以增加作品生气、突出特征、引人注目。这个局部的变化，通常是整个版面最富有特色、最吸引人的焦点，同时也是版面的主要内容。局部变异构成的因素有形状、大小、位置、方向及色彩等，主要特征是以静态衬托动态、以整体衬托局部，在统一中富有变化。图 5-45 所示为变异与秩序在版式设计中的应用。

　　该产品宣传广告使用人物眼睛部分的特写图片作为版面背景，并且进行了调色处理。将产品图片放在右下角的位置，产品与人物眼睛相互呼应，形成一个适度的比例关系，表现效果突出。

　　该海报将相同的图形进行重复、整齐地排列，表现出强烈的秩序感。将其中个别元素替换为产品元素，引人注目。版面整体既统一又富有变化，给人带来无限的遐想空间。

图5-44 比例与适度在版式设计中的应用　　　　　　图5-45 变异与秩序在版式设计中的应用

7. 虚实与留白

　　版式设计中的虚实是指图形、文字和色彩的相互关系，一般来说以清晰的图形、文字为实，以较淡或较弱的图形、文字为虚。

　　留白是指版式中未放置任何图文的区域，它是"虚"的特殊表现手法。在版式设计中，巧妙地留白，讲究空白之美，是为了更好地衬托主题，引导读者视线和营造版面的空间层次。这种设计方式意在构建一种"隐匿空间"，让人细细咀嚼、仔细体会，给人"形有尽而意无穷"的审美感受。它以一种貌似"无形"的设计语言，产生比"有形"更强烈的艺术感染力，让人享受艺术设计营造的美妙空间。图 5-46 所示为虚实与留白在版式设计中的应用。

　　该产品宣传广告使用虚化处理的图片作为版面的背景，在版面中间放置清晰的产品图片，背景与产品一虚一实形成强烈的视觉反差，使海报的主题鲜明、突出。

图5-46 虚实与留白在版式设计中的应用

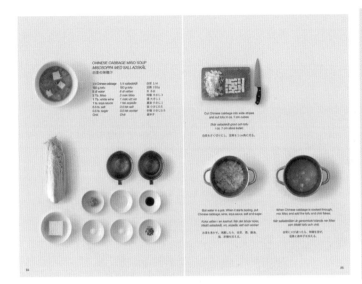

在该跨页版面中间位置放置少量的图片与文字，文字、图片与背景留白产生虚实对比，使版面看起来简洁、自然，给人一种清新、雅致的印象。

图5-46 虚实与留白在版式设计中的应用（续）

5.5 总结与扩展

户外广告具有到达率高、视觉冲击力强、发布时段长、投入成本低、城市覆盖率高等特点。在户外广告中，路牌、招贴是最重要的两种形式，使用范围广，影响巨大。

5.5.1 本章小结

本章通过对户外广告版式设计的讲解与分析，希望读者能够理解户外广告版式设计的相关构成要素和设计要点，并能够在实际工作中创作出出色的户外广告。同时，也希望能提升设计相关从业人员对户外广告的审美，了解户外广告的多种表现形式，培养创新精神。

5.5.2 知识扩展——户外广告的形式

户外广告的形式众多，从空间上可以分为平面户外广告和立体户外广告；从技术上可以分为电子类户外广告和非电子类户外广告；从物理形态上可以分为静止类户外广告和运动类户外广告；从购买形式上可以分为单一类户外广告和组合类户外广告。

1. 电子类

电子类户外广告包括霓虹灯广告、激光射灯广告、三面电子翻转广告牌、电子翻转灯箱和电子显示屏等，如图 5-47 所示。

图5-47 电子类户外广告

2. 非电子类

非电子类户外广告包括路牌、商店招牌、条幅及车站广告、车体广告、充气模型广告和热气球广告等，如图 5-48 所示。

图5-48 非电子类户外广告

3. 静止类

静止类户外广告包括户外看板、外墙广告、霓虹灯广告、电话亭广告、报刊亭广告、候车亭广告、单立柱路牌广告、电视墙、LED 电子广告看板、灯箱广告、公交站台广告、地铁站台广告、机场车站内广告等，如图 5-49 所示。

4. 运动类

运动类户外广告包括公交车车体广告、公交车车箱内广告、地铁车箱内广告、索道广告、热气球广告等，如图 5-50 所示。

图5-49 静止类户外广告　　　　图5-50 运动类户外广告

5. 单一类

单一类户外广告是指在购买户外媒体广告时可单独购买的媒体广告，如射灯广告、单立柱广告、霓虹灯广告、墙体广告和多面翻转广告牌等，如图 5-51 所示。

图5-51 单一类户外广告

6. 组合类

组合类户外广告是指可以按组或套装形式购买的媒体广告，如路牌广告、候车亭广告、车身广告，以及地铁站、机场和火车站广告等，如图 5-52 所示。

图5-52 组合类户外广告

第6章
宣传画册版式设计

宣传画册不同于一般的商品，它是一种文化产品。因此在宣传画册的版式设计中，哪怕是一根线、一行字、一个抽象符号或一种色彩，都需要具有一定的设计思想。它既要有内容，又要有美感，使其实现雅俗共赏。本章将介绍宣传画册版式设计的相关知识和内容，并通过对商业案例的分析讲解，使读者能够更加深入地理解宣传画册版式设计的方法和技巧。

6.1 宣传画册版式设计概述

宣传画册是使用频率较高的印刷品之一，其内容包括单位、企业、商场介绍，文艺演出、美术展览内容介绍，企业产品广告样本、年度报告，交通、旅游指南等。

6.1.1 宣传画册版式的构成要素

宣传画册版式设计的构成要素包括图片、文字、色彩等，需要根据宣传画册的不同性质、用途和受众，将三者有机地结合起来，表现出宣传画册的丰富内涵，并在以传递信息为主要目的的前提下，用具有美感的形式呈现给读者。

1. 图片

图片是决定宣传画册成败的重要因素，图片风格应前后一致，并注意应与企业形象、相关设计风格相吻合。画册中所使用的图片应相互协调，而不是自成一体，这样设计出来的版面系统、规律、严谨、易读。图 6-1 所示为画册版面中的精美图片。

该画册使用满版的大幅图片作为跨页背景，使读者仿佛置身于场景之中，给读者带来身临其境的感受。版面中的文字内容不多，结合色块图形，采用倾斜的排版方式，给读者带来律动感。整个画册给人良好的视觉感受和心理感受。

图6-1 画册版面中的精美图片

2. 文字

文字的选择要符合企业（或产品）的定位，或时尚、或古典、或高端，基本内容的字体要保持统一。产品名称的文字可以通过使用粗体字或另一种字体进行强调，说明文字既可以位于图片旁边，也可以置于其他位置，只要与图片对应的标号相同即可。版面中颜色不宜过多，否则会降低宣传内容本身的吸引力。图 6-2 所示为画册版面中清晰、直观的文字排版。

该画册跨页版面使用了上下分割型的设计，跨页的下方放置大幅满版图片，上方则充分运用留白，放置少量的主题介绍文字。版面的功能划分非常清晰、自然，下半部分的满版图片给读者带来强烈的视觉冲击力。

图6-2 画册版面中清晰、直观的文字排版

3. 广告语

心理学研究表明，6 个字左右的广告语诱读性最强。对于版面不大的宣传画册，版面中过多的文字只会平添疲倦，削弱记忆。为了增强版面的诱读性，设计时可以把广告内容分解至宣传画册的各个版面，使它们产生连续、系列的效果，引导读者依次阅读并尽可能长久地保持耐心和兴趣，从而让宣传内容以逐步渗透的形式进入读者心中。图 6-3 所示为画册版面中清晰、突出的广告主题。

该美食画册使用大幅的高清美食图片作为跨页版面，表现出该美食产品的新鲜、诱人。版面中的文字采用了传统的竖排方式，从右至左进行排列，符合日文阅读习惯。广告主题文字使用超大号的棕黄色字体进行突出表现，视觉效果清晰、突出。

图6-3 画册版面中清晰、突出的广告主题

4. 多个页面保持统一

宣传画册通常包含多个版面，这些版面之间需要相互呼应，建立起整体和谐的视觉效果。在排版中，同一张图片的变化使用，布局、装饰手法的一致，同一背景图案进行贯穿等都是行之有效的方法。图 6-4 所示为画册中保持统一风格的版面。

该宣传画册的内页保持了统一的设计风格，整体使用无彩色设计。满版图片都进行了去色处理，背景色都使用浅灰色，在版面中局部点缀高饱和度的红色，有效地突出版面中重点信息的表现。虽然不同的内页采用了不同的排版构图方式，但整体的设计风格统一。

图6-4 画册中保持统一风格的版面

设计无定法，面对客户提供的资料，设计师应该充分发挥想象力，勇于突破。针对栏的安排，图片的裁切，文字的变化组合，字体、字号、底色、色调等问题进行深入挖掘思考，形成多个思路，再从中选出最贴切的理想方案。

6.1.2 宣传画册版面的诉求要点

宣传画册可以建立起受众对企业（组织、产品等）的第一印象，因此在画册中能否把客户的优势、特点淋漓尽致地表现出来并打动受众非常关键。设计师要针对客户的个性特点，使用各种手段着力情感诉求，以情感人、以情动人、以利诱人引领受众由看到读，然后做出决策。干巴巴的空泛宣传无法有效激发受众的情绪和欲望。

1．具有亲和力

以美好的情感烘托宣传主题，选用情切意浓的文字、图片作为版面内容，追求文学性的意境与诉求，可以出奇制胜地赢得受众的认同。例如，偶像明星作为形象代言人会产生很强的心理感召力，有润物细无声之功效，它拉近设计与受众的距离，使消费者在熟悉的阅读中留下对企业（组织、产品等）的美好印象。一些大众喜闻乐见的形象，具有幽默感的图片，充满温馨的图文排列方式，也能营造出亲切、愉快的版面氛围。图 6-5 所示为具有亲和力的宣传画册版面设计。

该宣传画册内页使用暖色系的色彩进行搭配，给人一种温暖、舒适的感受。对跨页版面进行左右分割，一侧是可爱的满版婴儿照片，另一侧则是相关的文字介绍，并通过色块来突出重点文字的表现。整个画册版面让人感觉温馨、有亲和力，较好地传递了所要表现的主题情感。

图6-5 具有亲和力的宣传画册版面设计

2. 突出表现产品的特性

宣传画册的目的是推销，一个高明的设计师常常会思考如何在版面构成中突出产品的特性，突出给消费者带来的利益、好处、承诺。使用直白的文字，利用人们对形、色的联想，或是直接夹带小礼品等，都会让受众对商家的真情实意有切实体验，避免煽情流于空泛。图 6-6 所示为在版面设计中直观地向用户介绍产品的特性。

该产品宣传画册使用大幅的产品图片，结合简短的文字介绍，包括该产品的优势，以及能够为用户带来的便利，表现形式简单、直接，使读者一目了然。

图6-6 直观地向用户介绍产品的特性

6.1.3 宣传画册版式的设计流程

宣传画册设计是一项较为复杂的工作，其程序繁多，大致可以按以下流程进行设计。

1. 确定风格

首先需要确定整本画册的风格。设计师需要深刻理解主题，找到表现的重点，从而确定画册的整体基调。

2. 分解信息

通过对画册信息的分解整理，寻找内在的关系，使主题内容变得条理化、逻辑化。

3. 确定符号

把握贯穿整本画册的视觉信息符号，可以是图像、文字、色彩、结构、阅读方式、材质工艺等，整本画册需要统一。

4. 确定表现形式

创造符合表现主题的最佳形式，根据不同的内容赋予其合适的外观。

5. 语言表达

信息逻辑、图文符号、传达构架、材质性格、翻阅秩序等都是宣传画册的设计语言。

6. 具体设计

将画册的主题、形式、材质、工艺等特征进行综合整理，通过具体的设计，将心中的画册物化。

7. 阅读检验

阅读设计稿，从整体性、可视性、可读性、归属性、愉悦性、创造性六个方面去检验。

8. 美化版面

通过宣传画册的版式设计将信息进行美化，使画册展现出更加丰富的内容，并以易于阅读、赏心悦目的表现方式传达给读者。图 6-7 所示为精美的宣传画册版式设计。

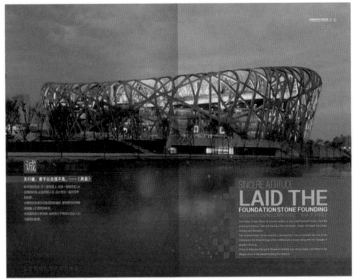

图6-7 精美的宣传画册版式设计

6.2 菜单的版式设计

　　菜单是餐厅的重要宣传品，是连接餐厅与消费者之间的纽带。在对菜单的版式进行设计之前，要明确所设计的餐厅定位——是高档餐厅还是特色小店，不同餐厅的菜单需要通过不同的版式和配色来营造不同的版面氛围。

6.2.1 案例分析

　　本案例是设计一个西餐厅的菜单，在菜单的排版设计中需要突出美食图片，通过高清晰度的美食图片来展示诱人的食物。该菜单采用满版大图突出美食，并且在一个对页版面中着重介绍其中一种美食，其中左侧版面为满版大图，右侧版面则采用几张美食图片与文字相结合的方式，从而形成图片的大小对比，突出重点推荐菜品。每张美食图片搭配红色的圆形标签，突出该菜品的名称和价格信息。版面整体表现简洁、大气，菜品信息清晰、易读。

该菜单版式设计的最终效果如图 6-8 所示。

图6-8 菜单版式设计的最终效果

6.2.2 配色分析

本案例是设计一个西餐厅的菜单，西餐厅通常给人一种精致、大气、高端的印象。黑色给人一种高级感，因此该菜单使用纯黑色作为版面的背景色，在黑色的背景上搭配精致的西餐菜品图片，更能够凸显菜品的诱人色泽和品相。每个菜品图片上搭配高饱和度红色的圆形标签，突出菜品名称和价格，版面的标题文字使用高饱和度的黄橙色，菜单信息则使用了白色，视觉效果清晰、易读，高饱和度暖色系颜色的点缀，给菜单版面增添了活力。

该菜单画册版式设计的主要配色如图 6-9 所示。

RGB（0、0、0）	RGB（195、24、31）	RGB（245、164、24）
CMYK（0、0、0、100）	CMYK（30、100、100、1）	CMYK（6、45、89、0）

图6-9 菜单画册版式设计的主要配色

6.2.3 版式设计进阶记录

菜单的版式设计重点是突出菜品的表现，需要通过排版的技巧来突出重点推荐的菜品，对消费者的决策形成引导。

图 6-10 所示为该菜单版式设计的初稿效果。

图6-10 菜单版式设计的初稿效果

 版面中的菜单图片尺寸相同，无法突出重点推荐菜品，并且将菜品名称和价格文字直接叠加于菜品图片上方，视觉效果不清晰，会造成阅读困难。

图 6-11 所示为该菜单版式设计的最终效果。

图6-11 菜单版式设计的最终效果

将重点推荐菜品图片放在对页的左侧作为满版图片，给消费者带来强烈的视觉冲击力。菜品的名称和价格信息则通过红色的圆形标签衬托，整体视觉表现效果精美、重点信息突出。

⑯ 设计初稿：没有突出重点推荐菜品，并且菜品名称和价格表现不清晰

将深蓝色纹理背景作为菜单背景，菜品图片采用相同的尺寸进行排版，并且将菜品名称和价格文字叠放在菜品图片上方，整体视觉表现效果规整，但无法突出重点。图 6-12 所示为菜单版式设计初稿所存在的问题。

> 1. 菜单图片采用相同的尺寸进行排版，表现效果不够突出，无法突出重点推荐菜品。

> 2. 标题文字风格传统、休闲，表现效果普通。

> 3. 将菜品名称和价格文字叠加在菜品图片上，视觉效果不清晰，影响阅读。

> 4. 使用深蓝色纹理作为该菜单内页的背景，会干扰消费者对菜品的关注。

图6-12 菜单版式设计初稿所存在的问题

👍 最终效果：突出主次，菜单信息表现清晰

为了使菜单的表现有主次之分，突出重点推荐菜品，将重点推荐菜品图片作为满版图片，而其他菜品图片也有大小之分，这样富有变化的版式不会显得呆板。菜品名称和价格采用标签的形式，更加清晰、突出。图 6-13 所示为菜单版式设计的最终效果。

1．将重点推荐菜品图片占据左侧整个页面，增强了版面的视觉冲击力，并能有效突出重点推荐菜品。

2．使用手写字体表现标题，并且突出英文标题，体现西餐厅的风情。

3．使用红色的圆形标签作为菜品名称和价格信息的背景，叠加在菜品图片上，非常清晰，并使版面具有层次感。

4．使用纯黑色作为该菜单版面的背景色，版面视觉效果清晰、简洁，而且黑色能够体现高级感。

图6-13 菜单版式设计的最终效果

6.2.4 菜单版式设计赏析

分析过菜单版式设计进阶过程后，本节将提供一些优秀的菜单版式设计供读者欣赏，如图6-14 所示。

食物能给人带来满足感和愉悦感，这款餐厅菜单在设计中充分运用这一概念，使用精致的高清食物照片作为满版图片，搭配简洁的文字介绍，充分吸引人们的注意力，引起人们的食欲。

麻布袋常用于装咖啡豆。该咖啡品牌宣传单使用麻布颗粒状的纹理背景作为版面背景，体现出印刷品的质感，搭配简洁的咖啡图片和少量的文字内容，体现了质朴、新鲜的品质。

该菜单使用接近白色的浅灰色作为版面背景色，局部点缀绿色的植物素材，使版面的表现清爽、自然，同时也体现出食物的新鲜与自然。版面中的美食图片都进行了退底处理，采用自由式的排版设计，美食图片也有大小对比，重点突出，给人很强的现代感和设计感。

图6-14 菜单版式设计赏析

该菜单使用了极简的设计风格，精致的美食图片搭配少量的小号文字，重点突出美食的精致和诱人。该跨页版面左右两面分别使用了白色和深灰色背景，形成强烈的对比，其中在左侧页面中只有一张美食大图，重点突出。而且版面中运用大量的留白，使消费者目光能够聚焦于美食图片上。

图6-14 菜单版式设计赏析（续）

6.2.5 版式设计小知识——色彩在不同版面中的应用

在不同的版式设计中，色彩的应用会有一些差异。例如，由于传播媒介的不同，即使同一种产品也可能会对色彩的配置有不同的要求。

1. 根据不同传播媒介选择不同的色彩搭配

不同的传播媒介之间版面结构存在差异，同时色彩的使用也存在差异。例如，常规的书籍，其内容以文字为主，因此版面中的色彩不可太花哨，否则会影响正常的阅读；而时尚杂志内容丰富，有大量的图片，则需要较为丰富的色彩来进行搭配，否则会使版面看起来单调、乏味。图 6-15 所示为根据不同传播媒介选择不同的色彩搭配。

宣传折页色彩运用的关键在于：主要的色彩应当在每个版面中都出现，从而保证统一。该宣传折页使用浅灰色作为版面背景的主色调，另外在各个页面中都使用了橙色，无论是背景、色块还是文字的颜色，都保持了色调的统一性。

图6-15 根据不同传播媒介选择不同的色彩搭配

海报版面的配色通常具有整体感，颜色的分布不会太过分散。该洗发水的海报使用浅蓝色作为版面的背景主色调，给人一种清凉、舒爽的感受。在版面底部搭配该品牌最具辨识度的深蓝色弧状曲线图形，并且版面中的部分文字也使用了深蓝色，与底部的图形形成呼应，整个版面色调统一。

图6-15 根据不同传播媒介选择不同的色彩搭配（续）

2. 色彩在版面中的导向性

色彩除具有丰富版面、传达主题等作用之外，还具有引导视觉流程的作用。在版面设计中，通过对色彩的位置、方向、形态等特征进行安排，使色彩具备了指引的作用，也使得版面的视觉流程更加清晰、流畅，重点内容就更容易引起读者的注意。图6-16所示为色彩在版面中的导向性。

在该宣传画册中，版面中的内容沿圆弧状进行排列，整个版面的形式统一，给人一种流动美。版面中的标题都使用了相同的配色和样式，有效地区分了不同内容，并引导用户的视觉流程，具有很好的引导作用。

图6-16 色彩在版面中的导向性

6.3 产品介绍手册的版式设计

产品介绍手册也属于宣传画册的一种，其通过版式的编排来组织产品的信息内容，要简洁流畅，不能过于花哨，要保证读者能够清晰地了解产品的相关内容。

6.3.1 案例分析

本案例是设计一款音箱产品的介绍手册，该手册充分运用自由的排版方式，在版面中通过添加相应的圆弧状曲线和正圆图形，清晰地划分版面中的内容信息，同时使版面充满韵律感。为了使版面中产品的表现效果更加突出，为每个产品图片都设计了镜面投影效果，使整个版面看起来更加美观，富有层次感，给人以宁静、悠闲、优美的感受。

该产品介绍手册版式设计的最终效果如图 6-17 所示。

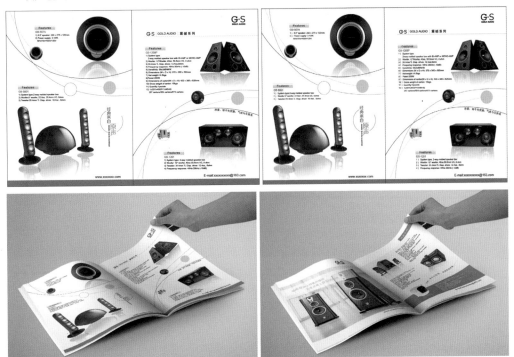

图6-17 产品介绍手册版式设计的最终效果

6.3.2 配色分析

在产品介绍手册中，产品图片较多，不适合使用过于复杂的背景或过多的色彩，因此通常使用纯色作为版面背景色，以突出表现产品图片。本案例使用纯白色作为版面的背景色，使产品图片表现突出、醒目，版面中的文字颜色主要使用黑色，重要的文字则采用了红色，效果清晰、直观。

该产品介绍手册版式设计的主要配色如图 6-18 所示。

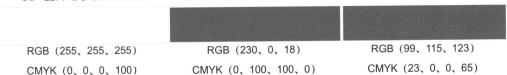

RGB（255、255、255）	RGB（230、0、18）	RGB（99、115、123）
CMYK（0、0、0、100）	CMYK（0、100、100、0）	CMYK（23、0、0、65）

图6-18 产品介绍手册版式设计的主要配色

6.3.3 版式设计进阶记录

在设计产品介绍手册时，文字与图片的编排至关重要，良好的版式可以使产品介绍手册的内容整齐、直观。

图 6-19 所示为该产品介绍手册版式设计初稿的效果。

图6-19 产品介绍手册版式设计初稿的效果

使用传统的左图右文的方式对版面中的产品图片和信息进行排版设计，整体表现规整、方正，便于用户的阅读，但是缺少律动感，显得比较呆板。

图 6-20 所示为产品介绍手册版式设计的最终效果。

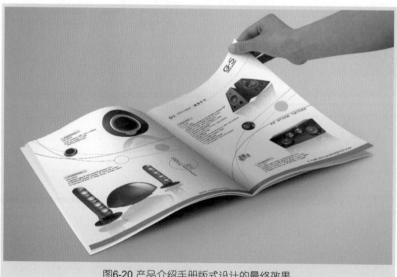

图6-20 产品介绍手册版式设计的最终效果

打破传统规则的排版方式，既有左图右文，也有下图上文或者右图左文，排版形式多样。曲线的加入区分了不同的产品内容，同时起到了装饰性作用，并且为每个产品图片都设计了镜面投影效果，增强了版面的空间感。

○ 设计初稿：版面显得呆板、乏味

通过传统的排版方式对版面中的产品图片和信息进行排版处理，版面表现规整、清晰，但显得比较呆板，毫无新意。图 6-21 所示为产品介绍手册版式设计初稿所存在的问题。

1. 版面标题使用黑体字，黑体字给人粗壮、有力的感觉，但与音乐给人的优雅感觉不符。

2. 在版面中规则排列产品图片和信息，虽然产品信息表现清晰，但版面显得比较呆板。

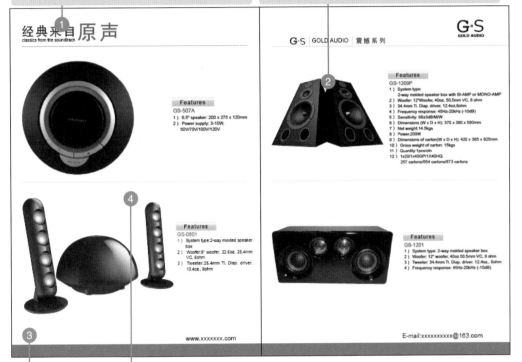

3. 简单地在版面中放置产品的退底图片，并没有对产品图片进行特殊处理，产品图片的表现效果一般。

4. 在版面中使用直线来区分不同的产品信息，过于单调。

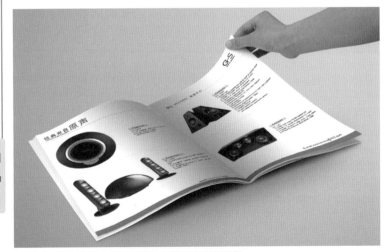

图6-21 产品介绍手册版式设计初稿所存在的问题

👍最终效果：突出产品表现的同时使版面活跃，具有韵律感

　　在保证产品图片和信息突出的同时，对版面中的内容采用相对自由的编排方式，同时加入圆弧状的线条，既起到划分产品信息的作用，又起到装饰版面的作用。图 6-22 所示为产品介绍手册版式设计的最终效果。

1. 在版面中使用柔美的细线字体来表现标题文字，给人一种柔美感。

2. 产品信息采用自由编排的方式，在版面中自由排列，给人一种随性、舒适的感觉。

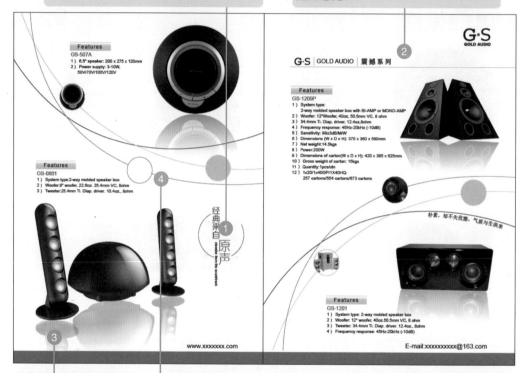

3. 为产品图片设计镜面投影效果，使版面具有空间感，并且能大大增强产品的表现力。

4. 使用弧状线条对产品信息进行区分，同时对版面起到装饰作用，使版面产生流动的韵律感。

图6-22 产品介绍手册版式设计的最终效果

6.3.4 宣传画册版式设计赏析

　　分析过产品说明手册版式设计进阶过程后，本节将提供一些优秀的宣传画册版式设计供读者欣赏，如图 6-23 所示。

　　为了突出表现舞蹈的律动美，整个画册跨页版面采用简洁的设计风格，将灵动、飘逸的水墨风格素材横跨左右两个页面。在左侧页面中使用道劲有力的毛笔字体突出表现"舞"字，体现出版面的核心主题，在右侧版面中部使用常规字体并采用竖排的方式来排列相应内容，整个版面给人很强的律动感。版面中大量的留白处理，给人以遐想的空间。

　　该产品宣传画册使用不规则的图形与形状来打破版面的固有边界，使版面具有时尚感与动感。同时保持了每个页面统一的设计风格，但不同的页面又通过图片的不同大小、位置等来突出表现各页面的不同，整个设计给人新颖、时尚的感觉。

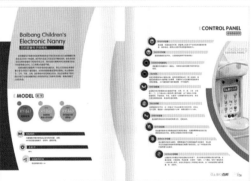

　　该画册跨页版面采用向心式设计，将视觉中心放在跨页版面的中心位置，并将其放大进行突出显示。其他介绍内容则围绕版面的重心沿曲线进行排列，视觉元素向版面的中心进行聚拢，主题表现突出。

　　在该产品宣传画册中，圆形图形构成了版面中的点，并将版面中的点元素沿圆弧状进行排列，与版面的风格相吻合。并且通过连续点的排列，有效地引导读者阅读版面中内容的秩序。

图6-23 宣传画册版式设计赏析

6.3.5 版式设计小知识——使用色彩表现版面的空间感

色彩是版式设计的重要元素，色彩与色彩之间的属性、色调差别，在版面中会形成丰富的层次感及空间感，令版面更具表现力。

1. 使用冷暖色表现版面空间感

单纯的冷色系或暖色系搭配，能够给读者带来非常明确的冷暖心理感受，这不仅使版面的主题气质更加凸显，也可以体现版面的空间感。版面空间感主要是利用冷色或暖色之间的色相、明度、纯度等差异，通过并置、叠加等编排方式来实现，如图 6-24 所示。

该产品宣传画册使用与产品配色相同的蓝色作为版面的主色调，使版面统一、和谐。不同明度和纯度的蓝色使版面具有空间感。

该画册中心的图形能够有效地吸引读者的视线，图片采用多个方形进行编排，有效地突出版面的重点。使用暖色——橙色作为主色调，使版面整体具有温暖、活跃的氛围。

图6-24 使用冷暖色表现版面的空间感

2. 使用同类色表现版面空间感

同类色主要是指同一色相中的不同颜色，其主要的色素倾向比较接近，如红色中有深红、紫红、玫瑰红、大红、粉红、朱红等。同类色之间的色相差距较小，因此可以利用色彩明度的差别，如使用低明度色彩表现远景，高明度色彩表现近景，形成远近空间感；也可以利用色彩的前进和后退感，如用高纯度的色彩表现近景，低纯度色彩表现远景，以营造版面的空间层次感。图 6-25 所示为使用同类色表现版面的空间感。

3. 使用对比色表现版面空间感

在设计中可以运用对比色的方法来表现版面空间感。通过对比色之间的冷暖、明度、面积、形态等方面的差异，形成前进、后退、重叠等视觉效果，使版面具有丰富的层次感和空间感。同时，色相之间的对比，要比同类色等更具变化感，版面效果更加生动。图 6-26 所示为使用对比色表现版面的空间感。

在该企业宣传画册中，将跨页看作一个整体进行排版，上半部分为横跨两个页面的宣传大图，下半部分采用竖排的方式从左至右排列了企业发展的时间线，表现效果直观、清晰。在版面中使用不同饱和度和明度的橙色进行搭配，使版面具有空间感、层次感。

图6-25 使用同类色表现版面的空间感

该宣传画册使用满版图片作为跨页背景，并且将该图片处理为棕黄色，从而使版面整体表现出一种复古与怀旧感。版面的主题文字使用了橙色与蓝色的对比色搭配，不仅增强了版面的层次感，并且能有效地吸引读者的关注。

图6-26 使用对比色表现版面的空间感

6.4 产品宣传画册的版式设计

产品宣传画册的主体对象是需要宣传推广的产品，所以在画册的版式设计中要根据产品的性质、功能及受众人群的特点来选择合适的表现方式，重点突出产品的表现效果。

6.4.1 案例分析

本案例是设计一个产品宣传画册，其产品是一款高科技智能手表，为了表现出该智能手表的简约设计风格，整个画册采用了极简的扁平化设计风格。在内页设计中，多采用满版大图的形式来展示该智能手表的外观和设计细节，给人带来很强的视觉冲击力，同时表现产品的精致工艺。版面中内容的编排多采用自由式的排版设计，不同内页的排版方式在统一中又富有变化，在清晰传达产品信息的前提下兼具美感。整个产品宣传画册的版式设计给人一种时尚、简约、精致的感觉。

该产品宣传画册版式设计的最终效果如图 6-27 所示。

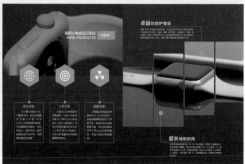

图6-27 产品宣传画册版式设计的最终效果

6.4.2 配色分析

该产品宣传画册采用该产品外观色彩进行配色设计，使用接近黑色的深灰蓝色作为版面的背景色，给人一种沉稳、大气的印象。版面中搭配中等饱和度的棕色，与深灰蓝色背景形成对比，突出重点信息，给人一种时尚、精致的感觉，同时加入无彩色进行调和，版面整体色调统一、和谐。

该产品宣传画册版式设计的主要配色如图 6-28 所示。

RGB（48、47、55）	RGB（174、147、127）	RGB（255、255、255）
CMYK（82、78、67、44）	CMYK（38、44、48、0）	CMYK（0、0、0、0）

图6-28 产品宣传画册版式设计的主要配色

6.4.3 版式设计进阶记录

在设计产品宣传画册的版式时，需要根据产品的风格定位，对栏数、图像、字体等元素进行灵活的编排，使版面在统一中富有变化，从而维持读者的阅读兴趣。

图 6-29 所示为产品宣传画册版式设计的初稿效果。

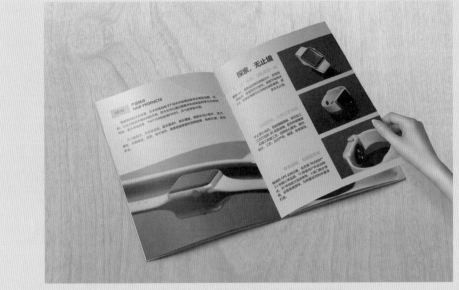

图6-29 产品宣传画册版式设计的初稿效果

画册内页采用传统的排版设计方式，文字内容与产品图片的表现都非常清晰，便于阅读，但这样的版式设计无法表现出产品的时尚感、科技感和现代感。

图 6-30 所示为该产品宣传画册版式设计的最终效果。

图6-30 产品宣传画册版式设计的最终效果

将产品宣传图片作为跨页满版大图，突出产品的视觉表现，同时也使画册内页版面更具时尚感与科技感。文字内容采用了自由式的排版形式。整体效果更像广告杂志，时尚现代。

👍 设计初稿：简单的图文排版，无法凸显产品的气质

设计初稿使用浅灰色作为内页的背景色，在页面中采用传统的上下结构和左右结构进行排版设计，页面内容清晰、易读，但无法体现出产品时尚、现代的气质。图 6-31 所示为产品宣传画册版式设计初稿所存在的问题。

1. 浅灰色背景与同样接近无彩色的产品图片相搭配，表现效果沉闷。

2. 传统的排版方式，虽然便于阅读，但缺少新意。

3. 将图片放在版面底部，尺寸较大，但视觉表现效果并不突出，无法体现产品的细节与精致工艺。

4. 在浅灰色背景上搭配灰棕色的文字，无法产生对比，文字可视性和可读性不高。

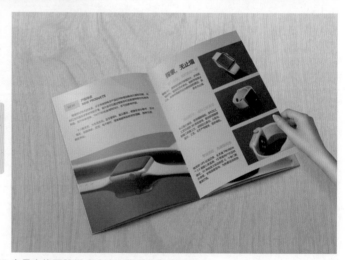

图6-31 产品宣传画册版式设计初稿所存在的问题

⊙ 最终效果：通过设置满版图片与自由式排版，体现出时尚感与现代感

将产品宣传图片放大至横跨整个版面，从而使两个内页形成一个整体，给人一种强烈的视觉冲击力。版面中的文字围绕产品并叠加在产品图片上，使宣传画册更像广告杂志。图 6-32 所示为产品宣传画册版式设计的最终效果。

1. 使用深灰蓝色作为版面的背景色，与产品宣传图片的背景色相近，凸显版面的整体性。

2. 版面中的文字内容采用自由式的排版设计，体现出时尚感与现代感。

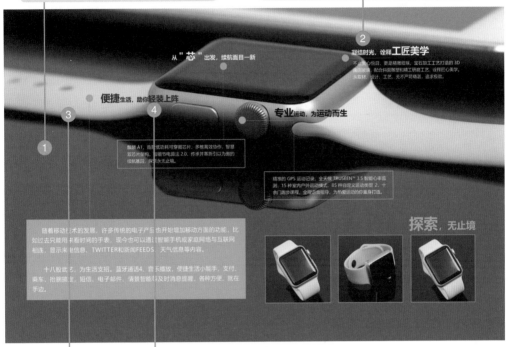

3. 产品宣传图片作为满版背景图片，视觉冲击力强。

4. 文字内容叠加在图片上显示，在深色背景上搭配纯白色文字，在浅色背景上搭配深色文字，并且对标题中的关键字进行放大，使版面清晰、易读，更具活力。

图6-32 产品宣传画册版式设计的最终效果

6.4.4 宣传画册版式设计赏析

分析过产品宣传画册版式设计进阶过程后，本节将提供一些优秀的宣传画册版式设计供读者欣赏，如图 6-33 所示。

该家具宣传画册采用简洁的设计风格，突出表现家具的古典韵味。版面使用浅灰色作为背景色，并搭配竖排文字，版面中大量留白，整体给人感觉宁静而雅致。

该画册版面采用了不等比例的左右分割，层次清晰。大幅图片有效地增强了版面的视觉效果，左右分割位置的缺口设计，打破了生硬的界限，使版面的表现更加活跃。

在该旅游宣传画册中，每个跨页版面都使用一张精美的旅游图片，给人很强的视觉冲击力。同时在多个版面中使用了相同的配色和设计风格，该旅游画册给人的感觉时尚、精美，风格统一。

图6-33 宣传画册版式设计赏析

6.4.5 版式设计小知识——使用色彩突出版面的对比效果

缺乏对比的版面设计容易给人单调、乏味的感觉，适当的对比可以活跃版面。利用色彩搭配是表现版面对比效果的一种重要方式。

1. 利用色彩突出重要信息

利用色彩的对比可以突出版面中的重要信息，令读者快速准确地将视线定位在重点内容上，达到有效传递信息的作用。利用色彩与色彩之间的色相、明度、纯度和色调差异来突出重要信息是色彩设计中十分常见的表现手法。图 6-34 所示为利用色彩突出版面中的重要信息。

该画册版面主体使用菱形的黑白图片进行重复，在局部放置相同大小的白色菱形，版面整体视觉效果调和、统一。在右侧页面中放置较大的红色菱形，与 3 个白色的小菱形形成大小、色彩的对比，红色菱形的表现效果非常突出。整个版面和谐、统一，局部又有对比。

图6-34 利用色彩突出版面中的重要信息

2. 利用色彩突出版面主体

为了突出版面中的主体元素，常常将其放在版面的重心位置，放大其面积，或是在主体元素周围进行大面积留白。除了上述这些方法，利用色彩之间的对比来突出版面主体也是一种经常使用的方法，其主要通过不同色彩之间的色相、明度、纯度和色调之间的差异来实现。图 6-35 所示为利用色彩突出版面中的主体。

在该产品宣传画册中，色相的对比效果非常明显。左侧版面与右侧版面原本为同一场景，而设计者将左侧版面与右侧版面中的产品分别使用强对比的蓝色调和红色调进行处理，使其产生强烈的对比，有效地突出产品。

图6-35 利用色彩突出版面中的主体

图6-35 利用色彩突出版面中的主体（续）

3. 利用色彩强调版面的节奏感

在版式设计中通常会选取一种色调作为主色调，但如果所有的元素都只使用一种色调来表现，很容易给人沉闷、单一、平淡的感觉。因此，除了主色调，往往还会有辅助色调，从而让版面中的色彩形成对比，使版面整体富有变化，富有节奏感和动感，同时起到突出主体的作用。图6-36所示为利用主次色调强调版面的节奏感。

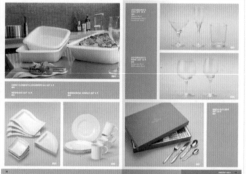

该宣传画册使用满版图片作为背景，其色调属于纯度很低的浊色调，整个版面给人低调的感觉。但这样的色调也容易造成平淡、呆板的印象，因此将相应的文字设置为鲜艳的橙色调，使版面中出现一些亮色，打破沉闷。

该产品宣传画册，使用矩形色块来区分版面中不同的内容区域，视觉效果清晰。版面中的图片都使用了统一的浅蓝色，而文字内容色块则采用了纯度较低的浅紫色。整个版面的色调统一，给人一种宁静、和谐之美。

图6-36 利用主次色调强调版面的节奏感

6.5 总结与扩展

在现代商务活动中，画册在企业形象的推广和产品营销中的作用越来越大。宣传画册可以展示企业的文化、传达企业的理念、提升企业的品牌形象。

6.5.1 本章小结

本章通过对宣传画册版式设计的讲解与分析，希望读者能够理解宣传画册版式设计的相关知识，掌握宣传画册版式设计的方法和技巧，同时培养良好的审美意识，能够发现美并创造美。

6.5.2 知识扩展——宣传画册版式设计应该具备的特点

宣传画册不仅要体现企业或产品的特点，也要美观，宣传画册不仅可以让客户了解企业或产品的相关信息，而且有助于提升企业或产品的品牌。优秀的宣传画册具备一定的特点，在设计时一定要注意对这些特点的把握。

1. 好主题

确定宣传画册的主题是设计画册的第一步。主题主要是对企业或产品宣传内容的提炼，没有好的主题，画册就会变得单调和机械。

2. 好创意

创意不仅用于海报和广告，好的创意也是宣传画册和折页的表现策略之一。

3. 好版式

版式就像人们的衣服，人人都追求时尚和潮流，版式也要吸纳一些国际化的元素。

4. 好图片

在宣传画册的设计中，常常会使用企业或产品的宣传图片，这些图片的质量直接关系到所制作的宣传画册的质量。好的图片可以引人入胜。

图 6-37 所示为出色的宣传画册版式设计。

该画册的内容主要是介绍设计服务，版面左侧使用退底处理的人物工作图片，并与几何图形色块相结合，具有很好的表现力与感染力。版面右侧放置文字内容，使用大号加粗字体表现标题，中间部分则保留较多的留白。整个版面的主题突出、直观。

图6-37 出色的宣传画册版式设计

该产品宣传画册将版面中所有的图片与文字向左上方进行倾斜处理，使版面产生不稳定感，从而吸引读者的关注，带来不一样的视觉效果。

图6-37 出色的画册版式设计（续）

第7章 报刊版式设计

报刊的版式设计主要针对的是报纸和杂志版面中的图像与文字等设计元素，经过设计师精心设计、排版后，这些元素能够更好地体现印刷出版物版面所要表达的主题。本章将介绍报纸和杂志版式设计的相关知识和内容，并通过对商业案例的分析与讲解，使读者能够更加深入地理解报纸和杂志版式设计的方法和技巧。

7.1 报纸版式设计概述

报纸版式设计要遵循"主次分明、条理清楚，既有变化、又有统一"的原则，恰当地留白，灵活地运用灰色，通过对黑、白、灰的巧妙安排（这里的黑、白、灰是指照片、题图、插图、底纹之间形成的色调关系），形成一种张驰有度、疏密有致、有轻有重的节奏感。

7.1.1 报纸版式的设计流程

报纸的编辑工作主要包括策划、组稿和组版3部分。策划是指报纸的策划和报道的策划；组稿是指分析与选择稿件、修改稿件和制作标题；组版是指配置版面内容和设计报纸版面。报纸版式设计就属于组版的范畴。

1. 安排稿件

设计师在对报纸版面进行设计之前需要根据稿件的内容和字数，以及稿件的新闻性和重要程度安排主次顺序，以此确定文稿、图片的大小及在版面中所处的位置，并大致勾画出报纸版面的框架。

2. 美化版面

通过题文、图文的配合，以及长短块、大小标题、横竖排列的安排，再加上字体、字号、线条的变化和花框、底纹、题花的点缀，以及色彩的运用和留白的处理等，对报纸的外观进行美化和修饰。虽然报纸的版面设计比书刊的版面设计复杂得多，但也要依据版面编排设计的基本规律和框架来设计。图7-8所示为出色的报纸版式设计。

图7-8 出色的报纸版式设计

> **提示**
>
> 报纸设计的基本要求是：信息主次分明，分区清晰；版面要有节奏感，在统一中求变化；要有视觉冲击力强的元素吸引人的眼球，整体脉络清晰、简洁，能够使读者流畅地阅读或快速获取资讯。

7.1.2 报纸版式的构成要素

报纸版式的构成要素包括：文字、图片和色彩。

　　文字是报纸版面中最重要的元素，是读者获取信息的主要来源。文字的编排主要依靠网格系统来进行。

　　比起长篇累牍的文字，图片拥有丰富的色彩且极具张力，因而更容易形成视觉冲击力，可以活跃版面，弥补文字的枯燥。因此，图片在报纸版面中的地位日趋重要。

　　色彩也是报纸设计中较为重要的一个环节，对色彩的把握直接关系到整个版面。色彩具有表达情感的作用，色彩的使用要符合报纸所要表达的主题。比如，表现重大自然灾害造成人员伤亡的新闻时，就需要使用较为严肃的色彩，如黑、白，切忌使用鲜艳的色彩。图 7-9 所示为出色的报纸版式设计。

图7-9 出色的报纸版式设计

7.1.3 如何设计出色的报纸版式

　　报纸以读者为本，版式设计是"绿叶"，其应该紧紧围绕文字信息传播这朵"红花"。版式设计只能优化内容的传播效果，不能喧宾夺主。在报纸版式设计中需要注意以下几点。

1. 正确引导读者

　　报纸种类很多，给读者提供的信息各有侧重，内容风格各有差异，这种差异应该让读者能够从报纸版式上感应出来。报纸的版式，不仅在形式上存在视觉"景观"，也能在读者心中留下情感印象，使其接收到感性信息。版式编排可以向读者发出直观信息，有的清新文雅、满纸书卷气，有的高雅端庄、气质不凡，还有的棱角分明、活力跳跃等。图 7-10 所示为不同风格的报纸版式设计。

版面清新、简约、高雅　　　　版面丰富、活跃、动感

图7-10 不同风格的报纸版式设计

　　每份报纸的版式设计都应该有属于自己的个性，从而区别于其他报纸，满足读者多方面的需求。设计师首先需要深入领会报纸的内容、价值、导向，并将其贯穿版式设计中，用个性化外观呈现信息的意义，用视觉形象正确引导读者。图 7-11 所示为个性化的报纸版式设计。

图7-11 个性化的报纸版式设计

2. 巧妙运用图片

　　图片具有先声夺人的功效，信息传达生动、感性。在今天的读图时代，图片在报纸中的分量越来越重，在版式设计中巧妙地应用图片，能够迅速抓住读者的眼球，激发阅读欲望。例如，将主题图片放大、强化，可以增强版面的视觉冲击力，将图片进行特殊形式的组合，可以引发联想与关注等。

　　图片是"诱饵"，巧用的目的在于吸引读者去浏览整个版面。因此在强化视觉中心的同时，还必须考虑视觉平衡。主题图片要与其他图片相呼应，使版面主次分明、流畅易读、和谐统一。图 7-12 所示为图片在报纸版面中的应用。

图7-12 图片在报纸版面中的应用

提 示

如果报纸版面中只有文字，难免单调，图片为版面增加了变化，丰富了报纸的视觉表现效果。选择图片一定要选择能够正确反映新闻内容和编辑思想的图片，一张不恰当的图片即使处理再妙也会误导读者。

3. 运用线条突出重点内容

线条丰富多变，感性十足，具有多种功能和作用，是报纸版面中常用的设计素材。线条有直线、曲线、花线、点线、网线等，其中直线又可以分为正线（细线）、反线（粗线）、双正线（两行细线）、双反线（两行粗线）、正反线等多种形式。

在报纸的版式设计中，常使用线条来彰显主题、区分内容，引导读者的阅读秩序。图 7-13 所示为线条在报纸版式设计中的应用。

图7-13 线条在报纸版式设计中的应用

4. 内容简洁、易读

简洁、易读是现代报纸版式设计最突出的特点。简洁体现了现代设计的外在特点，符合现代社会人们的生活节奏和审美观念；易读则体现了现代设计的内在特点，即从人的因素出发，为读者服务，体现人性化的特征。简洁的最终目的也是为了方便阅读，也就是说，形式必须服务功能。图 7-14 所示为简洁、易读的报纸版式设计。

图7-14 简洁、易读的报纸版式设计

现代社会是信息过剩的社会，是各种传媒竞争白热化的社会，而现代的读者是多元化的读者。因此，当今报纸版式设计需要解决的一个重要问题就是帮助读者能够在尽可能短的时间内获得尽可能多的信息。现代报纸版式设计之所以要简洁的形式，完全是为了顺应社会的发展和读者的需要。

7.2 杂志版式设计概述

杂志设计包括杂志封面设计、杂志版式设计及杂志广告设计等。所谓杂志版式设计，即杂志内页的版面设计，是经过多年发展逐渐形成的一个独特的设计领域。

7.2.1 杂志版式设计元素

杂志版式设计是杂志设计中的重要内容之一，内页版式设计有时比封面设计还重要，它直接影响读者的阅读效果。一本好的杂志应该对内文版式的字体、字号、字距、行距及版心的大小、位置，包括与图片、图形的组合认真推敲，最大限度地满足读者阅读的需要。图 7-1 所示为精美的杂志内页版式设计。

图7-1 精美的杂志内页版式设计

杂志内页版式设计的对象包括版权页、目录、栏目、页码、小标题、引文等，从阅读的先后顺序来看，依次是图片、大标题、小标题、表格、内文。此外，对于每页或每篇文章的编排要从小处着手，设计上主要集中对图片、标题、正文进行处理。

1. 栏目名称

杂志的信息量越大就越需要简洁，需要明确的版块栏目。通常栏目名称放在页面的最上方，每个栏目是否需要采用不同的颜色需要根据杂志的定位与版式设计风格而定，同时要确定一个栏目是采用一个主标题还是采用正、副标题。正标题是整个栏目的主题，副标题则是与每页内容相关的标题。

2. 文章标题

能够刺激读者联想、激发读者兴趣的标题可以称为成功的标题。标题可以是著名的图书、影片及歌曲的名称，有时也可以运用一语双关的手法。

3. 小标题

小标题主要是为了分割长篇文章。小标题有两种：一种是标志着文章下一部分的开始，从设计角度讲，这样的小标题不可以移动；另一种是可以移动的小标题，设计时可以把它插入任何位置。后一种标题的作用是把大块的文章切割开来，标题内容往往是文章内容的摘要。

4. 页码

页码是杂志中不可缺少的元素，它的作用是为了便于读者定位并阅读。页码的位置不追求特立独行，一般放在每页底部的外端或中间，如果杂志分为不同的栏目版块，也可以把页码放在顶部。图 7-2 所示为杂志内页的版式设计。

图7-2 杂志内页的版式设计

7.2.2 杂志版式的构图方式

现代杂志的版面通常以大幅的写真图片或艺术图形进行出血编排，在图片上方添加色块以放置标题文字，或是直接在满版图片上叠加文字，如图 7-3 所示。文字内容较多的版面通常是以网格编排为主，通过对栏数、图像、字体等元素进行灵活处理，使版面呈现出丰富的视觉效果，如图 7-4 所示。

图7-3 满版图片在杂志版式设计中的应用

图7-4 杂志版面中的图文混排

7.2.3 杂志版式的构成要素

版心与版面、排列与分栏、字体与字号是杂志版式设计中三个重要的构成要素。

1. 版心与版面

版心直接影响着版面的容量和视觉效果，因此其四周的留白要适量，如图 7-5 所示。

图7-5 杂志的版心与版面

2. 排列与分栏

杂志版面中的正文通常是自左向右进行横排的，这符合中文的阅读习惯，可以提高读者阅读的质量和速度，而且通常不通栏排，一般分为双栏或三栏等。排列与分栏应力求做到版块清晰、线条流畅，如图 7-6 所示。

图7-6 杂志内容的排列与分栏

3. 字体与字号

在杂志正文中，宋体、正楷、黑体、仿宋体的使用频率较高。标题字体与正文字体风格既要相互呼应，又要有所区别。杂志正文的字号通常以 8 号、9 号和 10 号为主，标题的字号则需要根据具体内容而定，如图 7-7 所示。

图7-7 杂志内容的字体与字号

7.3 家装杂志封面的版式设计

杂志封面设计也属于版式设计的范畴，其设计方法与其他介质版式设计的方法类似，但又有其自身的特点。在杂志封面的版式设计中需要重点突出杂志的名称，并且文章标题进行合理的排版处理，使其整齐有序，又富有层次感。

7.3.1 案例分析

在当今琳琅满目的杂志中，杂志的封面就像一个无声的推销员，封面设计在一定程度上会影响人们的购买决策。本案例是设计一个家装杂志的封面，其使用温馨的家居图片作为满版背景，紧扣杂志主题，并且能够快速将读者带入温馨的家居世界中。文字占据整个版面的主导位置，其以水平方式排列，给人一种平静和稳重的感觉，在版面中起到平衡的作用。

该家装杂志封面版式设计的最终效果如图 7-15 所示。

图7-15 家装杂志封面版式设计的最终效果

7.3.2 配色分析

该家装杂志封面使用暖色调的黄色作为版面的主色调，封面背景也使用黄色调的满版家居图片，给人一种温暖、舒适的感受。在版面中同样搭配不同明度和纯度的黄色调文字，使版面中的色调统一，给人一种温暖、温馨、舒适、惬意的感受，这也正是用户对家装设计的情感需求。

该家装杂志封面版式设计的主要配色如图 7-16 所示。

RGB（251、235、84）   RGB（246、242、181）   RGB（82、18、16）

CMYK（4、4、75、0）   CMYK（5、2、36、0）   CMYK（55、95、95、53）

图7-16 家装杂志封面版式设计的主要配色

7.3.3 版式设计进阶记录

杂志封面版式设计是将文字、图形和色彩等进行合理安排，其中文字起主导作用，图形和色彩等起衬托封面主题的作用。

图 7-17 所示为该家装杂志封面版式设计的初稿效果。

图7-17 家装杂志封面版式设计的初稿效果

 杂志名称文字颜色与背景图片颜色形成对比，但视觉效果单调。封面中的文章标题全部采用右对齐方式进行排列，字号一致，视觉效果整齐、统一，但缺少变化。

图 7-18 所示为该家装杂志封面版式设计的最终效果。

图7-18 家装杂志封面版式设计的最终效果

 对杂志名称进行简单的排版设计处理，横排文字与竖排文字相结合，突出杂志名称。杂志封面中的文章标题充分利用字体、字号、色彩的对比，突出重点内容，使文字排版富有变化，有节奏感。

● 设计初稿：简洁、直观，但缺乏层次感

　　杂志封面中包含较多的文章标题内容，采用简洁、直观的方式进行排版处理，但是缺乏层次感，没有主次之分。图 7-19 所示为家装杂志封面版式设计初稿所存在的问题。

1. 将杂志名称文字设置为绿色，与背景的黄色满版图片形成对比，但无法体现出温馨、舒适的感觉。

2. 杂志名称将中文与英文结合并简单地横排，简洁，但没有特点。

3. 版面中所有的文章标题都使用相同的字体、字号和颜色，并进行右对齐排列，但无法体现出层次感。

图7-19 家装杂志封面版式设计初稿所存在的问题

👍 最终效果：使文字具有层次感

为了使杂志封面的版式更具层次感，封面中的文章标题采用不同字号、颜色和粗细，体现出文字的层次感，并突出重点标题的表现。将横排与竖排文字相结合来表现杂志名称，视觉效果突出。图7-20 所示为家装杂志封面版式设计的最终效果。

1. 将杂志的标题设置为浅黄色，与封面的满版背景图片的色调保持一致，统一的色调给人一种舒适、和谐的感受。

2. 杂志标题采用横排与竖排相结合的方式，并且使用了不同的字体，突出其视觉效果。

3. 版面中的文章标题依然采用右对齐方式进行排列，但是为不同的文章标题设置了不同的字号和颜色，使其排版效果更具层次感。

图7-20 家装杂志封面版式设计的最终效果

7.3.4 杂志版式设计赏析

分析过家装杂志封面版式设计进阶过程后，本节将提供一些优秀的杂志版式设计供读者欣赏，如图 7-21 所示。

该汽车杂志内页将退底处理的汽车图片放在跨页版面的中心位置。版面左上角放置大号的主题文字，右下角放置小号的介绍性文字，整个版面给人一种简洁、大气的感受。

在该时尚杂志中，左侧页面放置满版的时尚产品图片，有效地吸引读者的关注，右侧页面中则使用退底处理的产品图片与文字内容进行混排，并且各图片的形式、大小和位置不一，给人一种时尚、随性的感觉。

该运动杂志对版面中的数字"5"进行艺术化处理，将文字进行倾斜切割，并添加相应的辅助线条，激情、动感、富有活力。而在右侧版面中上半部分编排了不同大小的运动图形，在下方通过分栏的方式放置文字内容，版面结构清晰、自然。

该美食杂志左侧版面使用满版图片展示美食主题，在图片上叠加主题文字，清晰、明确。在右侧版面中放置正文内容，并将版面内容分为两栏，通过文字与图片相结合的方式进行介绍。整个跨页版面的主题鲜明、突出，内容清晰、直观。

图7-21 杂志版式设计赏析

7.3.5 版式设计小知识——版式设计中的文字

在版式设计中，不同字体形态多变、气质各异，文字的可塑性极大丰富了版面设计的表现力和情感语言。在传递信息的同时，文字已经成为富有启迪、创造时尚的艺术性元素。

1. 字体

字体是指文字的风格样式，不同的字体具有不同的视觉特征。自文字出现以来，人类一直在不断创新、发展字体样式。

字体样式多种多样，从使用的类型上可以分为印刷字体和设计字体两大类，不同形式与内容的版式设计需要运用不同的字体。在现代设计中应用较为广泛的中文字体是宋体、仿宋体、黑体和楷书，它们清晰易读、美观大方，被大众所喜爱。版面中的标题或一些特定位置，为了使效果醒目，常使用综艺体、琥珀体、圆体、手绘美术字等。

在选择字体时，字体风格应该与版式的整体风格、主题内容一致。不同的字体会唤起不同的联想、感受，如宋体端正、庄重，黑体粗犷、厚实、有力，楷体自然、流动、活泼，隶书古雅、飘逸，幼圆圆润、时尚。图7-22所示为根据不同的版式设计风格选择不同的字体。

为了使版面内容具有良好的可读性，文章标题使用了较粗的黑体字，并且针对主标题、副标题等分别设置了不同的大小和颜色，使得文章的主题表现非常突出。版面中的正文内容采用了常规的字体，并使用了与标题有所区别的颜色，使整个版面的表现清晰、整洁，重点突出。

该时尚杂志使用个性的手写字体，给人一种自由、随意、亲切的感受。与夸张的模特人物素材相结合，更加能够凸显该服装品牌的个性与特点。

图7-22 根据不同的版式设计风格选择不同的字体

2. 字号

字号是表示字体大小的术语，是区分字体大小的一种衡量标准。国际上通用的是点数制，在国内则是以号数制为主，点数制为辅。在版式设计中，字号越小，精密度越高，整体性越强，但是字号过小会影响读者的阅读体验。图7-23所示为版式设计中不同字号的表现效果。

| 该杂志封面设计，使用大号加粗字体表现杂志的标题，使用较小的字体表现文章标题，同时相同字体的字号有所区别，这样使重点内容突出，让版面整体具有韵律感。 | 该杂志版面设计，使用了多种不同的字体和字号，特别是标题部分，采用不同的字号和颜色，视觉效果突出。而正文内容则采用了常规的字体和字号，便于读者阅读。 |

图7-23 版式设计中不同字号的表现效果

3. 字距与行距

字符与字符之间的距离称为"字距"，上下两行文字之间的空白距离称为"行距"。字距、行距的大小会影响阅读的流畅性。

在版式设计中，把握文字的字距、行距不仅是形式美感的需要，更是阅读功能的需要。不同的字距与行距，会体现不同的内涵，产生不同的视觉风格。拉近字距，会产生紧密、整合的视觉效果，可以加快阅读速度。相反，文字排列松散则会减缓阅读速度。因此，根据设计的需要，版式中的字距、行距可以进行适当的调整。图 7-24 所示为版式设计中合适的字距和行距设置效果。

行距的大小是版式设计中应该把握好的环节，行距过窄，上下行文字容易相互干扰，目光难以沿文字行扫视，会降低阅读速度；而行距过宽，太多的空白会使每行文字不能有良好的延续性。这两种极端的排列方法，都会使阅读长篇文字者感到疲劳。

在左侧页面中放置满版大幅图片，右侧页面则将正文内容分为三栏进行排列。为文字设置相应的行间距，并且为段落设置段间距，使得正文内容的段落划分非常明确，也为阅读留下了呼吸的空间。版面整体效果清晰、整洁。

图7-24 合适的字距与行距设置效果

在版面右侧放置人物图片，左侧放置介绍性文字，标题使用大号字体，并且对字距进行设置，使标题的表现更加形象和突出。正文内容则使用小号常规字体，设置恰当的行距，使文字内容易读。

图7-24 合适的字距与行距设置效果（续）

4. 字体的搭配组合

在版式设计中，一组设计可以包含不同层次的信息内容，设计时可以根据内容选择不同的字体加以区分，避免造成视觉上的混乱。不同字体的搭配组合，有一定的规律可循。一方面应该注意字体的种类控制在 2～3 种，并通过对字体的大小、色彩、装饰手法的变化实现信息区分。其中，标题可以选择较为醒目的字体，以吸引阅读者的注意力。而正文的段落性文字，适合选择简洁、笔画较细的字体，以方便阅读。另一方面，要注意不同字体搭配时既要有变化又有统一。图 7-25 所示为版式设计中不同字体搭配组合的表现效果。

该杂志版面，使用了多种不同的字体、字号，并且将竖排文字与横排文字相结合，特别是在个别大的字体中嵌入多个小字体。文字的巧妙编排组合，使主题的表现富有个性和变化，非常独特。

在版面的四角放置美食图片，在垂直居中的位置通过分栏的方式放置正文内容，正文标题采用了较大的字体和特殊的颜色进行突出显示，醒目的文章标题与细小的正文内容字体形成了强烈的体量与视觉反差，有效地突出了新闻标题的表现效果，富有现代特色。

图7-25 不同字体搭配组合的表现效果

7.4 汽车杂志内页的版式设计

杂志内页版式设计是一种将文字内容和艺术形式相结合的创作。杂志的版式设计是为了更好地吸引读者的视线，使版面获得最佳的视觉效果。本节将介绍一个汽车杂志内页的版式设计案例。

7.4.1 案例分析

该汽车杂志内页使用灰褐色的岩石纹理作为背景，突出版面的硬朗和质感，与文中所介绍的汽车的功能与适用场景吻合。版面中的图片较多，文字内容较少，因此使用比较自由的排版方式，通过汽车产品的大图突出表现版面的主题并有效吸引读者的关注。自由多变的排版方式，使该版面给人一种自由、活泼的感觉。

该汽车杂志内页版式设计的最终效果如图 7-26 所示。

图7-26 汽车杂志内页版式设计的最终效果

7.4.2 配色分析

该汽车杂志内页版式设计，使用灰褐色作为版面背景色，给人一种有沉稳、内敛、大气的感觉。在版面中搭配黑色的文字，色调简洁、清晰，与汽车所要表现的干脆、硬派风格吻合。在版面局部点缀红色的图标进行标题内容的强调，突出但不会影响整体的视觉效果。

该汽车杂志内页版式设计的主要配色如图 7-27 所示。

RGB（193、165、148）	RGB（0、0、0）	RGB（230、0、18）
CMYK（30、38、39、0）	CMYK（0、0、0、100）	CMYK（0、100、100、0）

图7-27 汽车杂志内页版式设计的主要配色

7.4.3 版式设计进阶记录

　　杂志内页版式设计除了需要遵循版式设计的一般规律和美学原则，还应该强化版式设计的视觉效果，在编排和制作上体现高格调、高亲度，能引人回味。

　　图 7-28 所示为该汽车杂志内页版式设计初稿的效果。

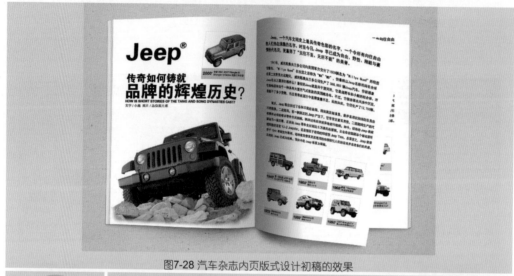

图7-28 汽车杂志内页版式设计初稿的效果

　　　　使用纯白色作为版面的背景色，使内容清晰、易读。左侧页面放置标题和宣传图片，右侧采用上文下图的方式进行排版，表现形式传统、呆板，缺乏吸引力。

　　图 7-29 所示为汽车杂志内页版式设计的最终效果。

图7-29 汽车杂志内页版式设计的最终效果

　　将跨页版面作为一个整体进行设计，在顶部通过时间线的方式排列该品牌汽车的发展过程及图片，下方采用左文右图的形式进行排版，并且为版面添加纹理背景，视觉效果突出。

👍 设计初稿：内容清晰，但左右页面关联性不强，表现呆板

通过传统的排版方式对杂志内页中的内容进行排版，左侧页面放置文章标题和汽车宣传大图，右侧页面为文章正文内容，两个页面之间的关联性不强，并且排版方式过于呆板。图 7-30 所示为汽车杂志内页版式设计初稿所存在的问题。

1. 使用纯白色作为版面的背景色，整个版面显得清晰，但也使汽车的质感表现不够突出。

2. 将文章标题放在左侧页面，文章内容放在右侧页面，关联性降低，会给读者造成误解。

3. 将跨页版面清楚地区分为左右两页，在左侧页面放置标题名称和汽车图片，但左右页面的联系不是很紧密，版面的视觉效果不突出。

4. 使用网格对小尺寸汽车图片进行排列，清晰、简洁，但无法体现其历史发展的脉络。

图7-30 汽车杂志内页版式设计初稿所存在的问题

👍 最终效果：通过背景纹理渲染氛围，根据视觉浏览顺序对内容进行排版

版面采用岩石纹理作为背景，有效渲染了整个版面的氛围。将左右两个页面作为一个整体进行设计，顶部横向排列该品牌汽车在发展过程中的代表车型，下方将跨页大图与文字内容相结合，整体视觉效果突出。图7-31所示为汽车杂志内页版式设计的最终效果。

1. 使用灰褐色的岩石纹理作为跨页版面的背景，很好地渲染了刚毅、硬朗、富有质感的版面氛围。

2. 将大尺寸的汽车图片横跨页面并放在版面的右下角位置，视觉效果突出，给整个版面带来了动感。

3. 在左侧页面中将标题和正文内容排列在一起，这样便于读者的阅读。

4. 在跨页版面上方使用时间线的方式来排列小尺寸汽车图片，并添加说明性文字，使其历史发展过程的展现非常清晰，同时加强了左右版面的联系。

图7-31 汽车杂志内页版式设计最终效果

7.4.4 杂志版式设计赏析

分析过汽车杂志内页版式设计进阶过程，本节将提供一些优秀的杂志版式设计供读者欣赏，如图 7-32 所示。

该美食杂志将内页左右两个版面作为一个整体进行设计，对美食图片进行倾斜处理，使版面的视觉效果非常丰富。对版面中的文字内容进行分栏处理，为图片添加数字标注，在每段文字的行首进行强调处理，与所标注的图片对应，使文字内容更加清晰，整个版面给人一种饱满、紧凑、动态的感觉。

该旅游杂志在跨页版面的左上角放置满版图片，而在页面中的其他位置放置矩形图片，这是常规的编排手法。将全景图片以满版的方式摆放，能加强空间的开阔感，背景色块的运用增添了版面的活力和表现效果。

该手表产品宣传页采用自由的设计风格，将介绍性文字进行绕图排版，并在版面左上角的位置放置大幅的广告宣传大图，整个版面给人感觉时尚、自由。

该时尚杂志版面采用自由的编排方式，将产品图片与介绍文字进行混排，给人一种时尚感。特别是左侧版面将人物放在中间位置，相关的时尚产品图片环绕人物放置，结合介绍性文字，非常直观。

图7-32 杂志版式设计赏析

7.4.5 版式设计小知识——版式设计中的文字编排

在对版面中的文字进行编排时，可以采用多种不同的编排方式，不同的编排方式能实现不同的视觉表现效果。

1. 左对齐或右对齐式

文字左对齐的排列方式符合中文的阅读习惯，使人感觉亲切，这种版面格式规范而不呆板。图7-33所示为文字采用左对齐的排版方式。

文字右对齐的方式并不是很符合人们的阅读习惯，但是以右对齐的方式编排的文字显得新颖。右对齐的文字编排方式只适用于版式中少量的文字排版，在右侧的对齐部分，往往能够与图片建立视觉联系，从而提升版面的整体表现效果。图7-34所示为文字采用右对齐的排版方式。

该杂志封面，将相关的文字内容放在版面的右侧，所有文字采用左对齐的方式，大小不一，整齐有序地排列，使版面的整体效果简洁、大方。

该设计使用黄色作为背景色，在版面左侧放置人物图片，右侧放置右对齐的主题文字，并且使用不同的颜色、字体和字号来凸显文字效果，使文字与背景形成强烈的反差，主题效果突出。

图7-33 文字采用左对齐的排版方式　　　　　　图7-34 文字采用右对齐的排版方式

2. 中心对齐式

中心对齐式是指文字以中心为轴线进行排列，其特点是视线聚集，重点突出，整体性强。采用中心对齐方式的文字与图片在搭配时，其轴线最好与图片中轴线对齐，从而使版面视线统一。采用中心对齐方式的文字，可以使版面给人紧凑、传统、肃穆、经典的感觉。图7-35所示为文字采用中心对齐的排版方式。

3. 两端对齐式

在版式设计中，文字从左端到右端的长度均齐，这样的排版方式可以使文字整体看起来端正、严谨、美观。这也是目前书籍、报刊常用的一种文字排版方法，能够大量应用于段落性文字编排上，使版面中文字内容的表现效果清晰、有序。图7-36所示为文字采用两端对齐的排版方式。

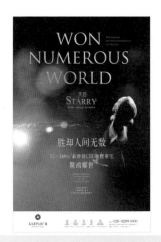

版面中的文字内容采用中心对齐的排版方式，通过使用不同的字体、字号和颜色来区分不同的内容，突出了视觉中心的表现效果。

该杂志使用实景图片作为满版背景，将相关的文字内容放在版面的下方，并且使用了不同的字体、字号、字距，使所有文字两端对齐，主题的表现醒目、有力。

图7-35 文字采用中心对齐的排版方式　　　　　　图7-36 文字采用两端对齐的排版方式

4．自由排列式

在版式设计中，自由排列是一种诗意、感性的文字排版方式，这种方式能够打破固有排版秩序，崇尚自由随意，比较适合文字较少的版面。此外，这种形式便于文字与画面融合，轻松、富有韵味地展示主题。图 7-37 所示为文字采用自由排列的排版方式。

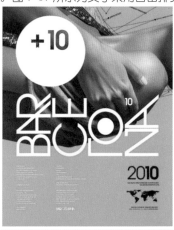

该杂志版面中的文字采用了自由排列的方式，并且使用了不同的字体和字号。将主题文字旋转90°进行排列，其效果突出，整个版面让人感觉灵动，富有个性。

该杂志版面中的文字采用了自由排列的方式，既有左对齐水平排列文字，也有垂直排列文字，还有倾斜排列的文字。自由的文字排列方式，使版面轻松且富有诗意。

图7-37 文字采用自由排列的排版方式

5. 文字绕图式

文字绕图在版式设计中具有很好的设计感，它是指将退底处理的图片嵌入文字中，使文字直接围绕图形边缘进行排列，图文呈现自然融合的状态。这种排版方式给人一种亲切、自然、生动的感觉，是版式设计中常用的形式。图7-38所示为文字绕图的排版方式。

该杂志封面设计，通过使用不同的字体和字号来表现不同的内容，并且将相应的文字沿版面中人物的轮廓边缘进行排列，丰富了版面的表现形式，使版面的整体效果随性、富有变化。

在左侧页面放置满版图片，在图片上方叠放相应的主题文字和简洁的介绍内容。右侧页面为对应的正文内容，将正文内容分为两栏进行排列，并且放置相应的退底处理的人物图片，对文字内容进行绕排处理，使版面显得轻松而富有亲和力。

图7-38 文字绕图的排版方式

7.5 旅游报纸的版式设计

报纸是日常生活中常见的一种平面媒体，在报纸设计中最重要的就是报纸的版式设计，好的版式设计可以提升读者的阅读兴趣，使其更流畅地阅读内容。

7.5.1 案例分析

在报纸版式设计过程中，因其版面较大、内容较多，常常使用分栏的方式对版面内容进行编排，这样可以使版面内容清晰、有条理，更容易阅读。在该旅游报纸版式设计中，根据旅游类报纸版面的编排特点，选择具有代表性的景点图片作为版面的主要素材，穿插少量与景点相关的其他特色图片，通过分栏对版面中的文字内容进行排版，使整个报纸版面清晰、易读。

该旅游报纸版式设计的最终效果如图 7-39 所示。

图7-39 旅游报纸版式设计的最终效果

7.5.2 配色分析

报纸版面通常拥有大量的文字内容，因此常采用白底黑字的搭配方式，这样的强对比配色可以使版面中的文字内容更加易读。本案例的版面同样使用白底黑字的搭配方式，为了配合旅游主题，局部搭配了蓝色的背景色，使版面看起来清爽、惬意。

该旅游报纸版式设计的主要配色如图 7-40 所示。

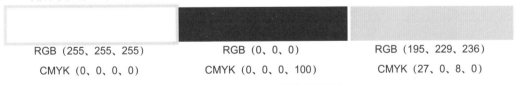

RGB（255、255、255）	RGB（0、0、0）	RGB（195、229、236）
CMYK（0、0、0、0）	CMYK（0、0、0、100）	CMYK（27、0、8、0）

图7-40 旅游报纸版式设计的主要配色

7.5.3 版式设计进阶记录

该旅游报纸版面设计以当地景点的图片作为主要素材，将一张大图进行主要展示，其余的小图以辅助展示细节的方式来编排，版面简洁、清晰。

图 7-41 所示为旅游报纸版式设计初稿的效果。

图7-41 旅游报纸版式设计初稿的效果

　　　将旅游相关图片分别放在版面的上方和右侧，在版面的下方对文章内容进行集中编排，图片与文章的相关内容不能一一对应。

图 7-42 所示为该旅游报纸版式设计的最终效果。

图7-42 旅游报纸版式设计的最终效果

　　　将大图进行满版处理，并将标题文字和简介内容叠加于大图上方，表现出层次感。下半部分在分栏内将图片与文字结合，很好地表现了每一栏中所介绍的内容，清晰、易读。

● 设计初稿：文字与图片关联性不强

将图片分别放在版面的上方和右侧，而文字内容放在版面下方进行分栏排版，内容清晰、易读，但图片与文字内容关联性不强。图 7-43 所示为旅游报纸版式设计初稿所存在的问题。

1. 版面中的主图没有采用满版设置，不够突出。

2. 将小尺寸图片在版面的右侧进行集中排列，无法与正文中的内容一一对应。

3. 版面主题的英文字体选择了严肃的粗黑体，并且排版形式单一，无法体现出浪漫的感觉。

4. 版面下方的辅助性质的内容与上方主体文章内容之间的区别不够明显，无法判断内容之间的层次。

图7-43 旅游报纸版式设计初稿所存在的问题

👍最终效果：图文混排，关联性强，版面具有层次感

将大图做满版处理，并将标题文字叠放在图片上，文章内容同样是分栏排列，但通过将小图片与文章内容紧密排列，使两者关联性更强。另外通过为版面底部内容添加背景色，增加了版面层次感。图7-44所示为旅游报纸版式设计的最终效果。

1. 将版面上方的图片放大至满版，给人很强的视觉冲击力。

2. 选择衬线字体表现版面主题，将文字叠加在图片上，并对字体颜色做反色处理，使主题的表现更具有艺术感。

3. 为版面下方的内容添加色块背景，体现出版面内容的层次感。

4. 同样使用分栏的形式排列内容，但将各景点图片与内容相结合，清晰、直观。

图7-44 旅游报纸版式设计的最终效果

7.5.4 报纸版式设计赏析

分析过旅游报纸版式设计进阶过程后，本节将提供一些优秀的报纸版式设计供读者欣赏，如图 7-45 所示。

该综合新闻类报纸版面，所包含的信息量较大且多元化。该报纸将版面内容分为 6 栏，中间穿插放置跨栏图片，使版面内容清晰、自然，给人一种直观的印象，这也是综合类报纸常用的排版方式。

该报纸在版面上方排列相应的介绍内容，下方使用卡通图形结合较粗的线框将内容整合在一起并进行分栏排列，版面设计生动、形象。

该报纸网球运动版面，将网球明星图片在水平位置进行依次排列，并且将其中著名网球明星图片放大至铺满整个版面，这样形成鲜明的大小对比，吸引读者的眼球。在版面的左下角和右上角，使用背景色块来突出正文内容。版面综合运用了大小、位置、色彩等多种对比效果，使版面的表现非常突出，给人很强的视觉冲击力。

该报纸版面介绍了两个重要的新闻，文章的主标题使用粗笔画的黑体字，稳重、严肃，正文则使用了较小的字体，信息层级清晰，阅读起来非常流畅。

图7-45 报纸版式设计赏析

7.5.5 版式设计小知识——强调文字表现的方法

为了突出版面中的某些重要内容，引起读者的关注，在版式设计过程中需要对重要的内容进行强调处理，处理的方法有很多，包括行首字强调，使用加粗、加大的字体表现，使用线框、符号等图形强调等。这些辅助手段都是为了使主题内容突出，让读者一目了然。

1. 使用行首字强调

行首字强调源于欧洲中世纪的文稿抄写员，它是指将段落文字的字首或字母进行放大处理的一种文字编排文法。由于它起到强调、装饰和活跃版面的作用，因此，它在杂志和报纸等包含大量文字内容的版式设计中被沿用至今。

另外，在段落中将行首字进行放大、图形化、装饰化处理，在版面中不仅能够起到"画龙点睛"的作用，还可以让版面呈现一种全新的风格，给人带来多层次的视觉感受。图7-46所示为对行首字进行强调的效果。

在该版面中对文字内容进行分栏排列。在左侧版面的图片上叠加文章标题，从图片中提取蓝色作为标题文字的颜色，并且在正文内容中同样将需要强调的文字设置为蓝色，使文字内容划分清晰。同时，对文章行首字进行强调，吸引读者视线。整个版面的色调统一，具有很强的可视性。

该版面将行首字放大下沉，并且对所强调的首字添加了正圆形底纹进行装饰，丰富文字排版的视觉效果。虽然采用了分栏的方式对版面内容进行排版，但跨栏甚至跨页的图片放置使版面的空间富有弹性、活力与变化。

图7-46 对行首字进行强调的效果

2. 使用线框、符号强调

如果需要把版面内容中的个别字作为诉求重点，可以为它们添加下画线、线框、指示性符号，或者使用加粗、倾斜等手段进行强调。线框的使用，可以划分、界定版面空间，让其中的信息鲜明、突出。加粗、倾斜字体等方法也可以起到强化信息，引起读者关注的作用。图7-47所示为通过添加线框或符号对文字进行强调。

该版面充分运用了线框对相关内容进行划分，使得各部分内容看起来清晰、易读。各部分内容的标题使用了大号加粗的字体，并且使用了线框和红色的三角形进行强调，使各细分主题更加醒目、突出。

该杂志跨页，创意性地将正文内容以分栏的形式放在版面的左上角，而将主题文字内容放在版面的中间位置，并通过红色的背景色块来突出主题文字的表现，主题文字将左侧页面与右侧页面相连接，使跨页形成一个整体。

图7-47 通过添加线框或符号对文字进行强调

> **提 示**
>
> 在整体版式中有计划地使用醒目的线框或符号对某一文字信息进行强调，使画面形成动静结合的视觉效果，其目的是为了突出画面的诉求重点。

7.6 总结与扩展

报刊版式设计应该根据报纸或杂志的开本、外形、内容和受众，确定版式设计的风格，并针对版面需要，将图文等信息进行编排组合，使版面内容之间形成连续、清晰、顺畅的视觉效果。

7.6.1 本章小结

本章通过对报刊版式设计的讲解与分析，希望读者能够理解报刊版式设计的表现方法和技巧，并能够在实际工作中应用。同时也希望培养相关设计从业人员求实创新、精益求精的精神，激发爱岗敬业的热情。

7.6.2 知识扩展——杂志版式设计流程

杂志设计是一项较为复杂的工作，包含了封面及内页的设计，主要包括以下几个步骤。

1. 确定基调

根据杂志的行业属性、市场定位、受众群体等因素，找出该杂志设计的重点，确定杂志的基调。图 7-48 所示为一个男性时尚杂志的版式设计。

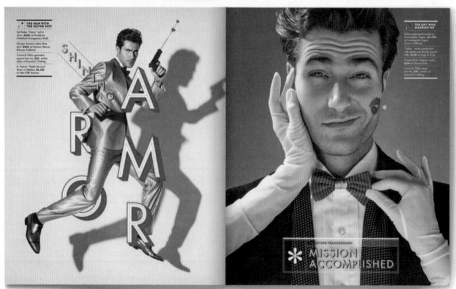

图7-48 男性时尚杂志的版式设计

2. 确定开本形式

根据杂志的定位，确定合适的开本形式，在行业特性的基础上，结合读者的阅读习惯与视觉传达设计进行创意和创新。图 7-49 所示为不同开本的杂志。

图7-49 不同开本的杂志

3. 确定封面的设计风格

根据杂志定位确定杂志封面的设计风格，其中刊名的字体设计和图片设计是设计的重点。图7-50 所示为不同风格的杂志封面设计。

图7-50 不同风格的杂志封面设计

4. 确定内页的设计风格

应确保内页中各大版块设计风格的统一性，并在此基础上进行各版块独特性的创新与设计。字体的大小与内容版块的编排要符合杂志的阅览特性和专业属性，使版块结构具有节奏感，同时保证阅读的流畅性。图 7-51 所示为不同风格的杂志内页排版。

图7-51 不同风格的杂志内页排版

图7-51 不同风格的杂志内页排版（续）

5. 确定图片的类型

根据杂志的主要内容选择图片，以适合版面风格，必须选择具有高清晰度的图片，以保证印刷质量。图 7-51 所示为杂志版式设计中精美图片的应用。

图7-52 杂志版式设计中精美图片的应用

图7-52 杂志版式设计中精美图片的应用（续）

6. 具体设计

对杂志的主题、形式、材质、工艺等特征进行综合考虑，并进行具体设计。在设计过程中务必要保证杂志的整体性、可视性、可读性、愉悦性和创造性，力求达到内容主次分明、流程清晰合理、阅读连贯流畅的视觉效果。

第8章
UI 版式设计

UI 版式设计与报刊杂志等平面媒体的版式设计有很多共通之处，它在 UI 设计中占据重要的地位。UI 版式设计指在有限的屏幕空间上将视听多媒体元素进行有机的排列组合，是一种具有个人风格和艺术特色的视听传达方式。它在传达信息的同时，也会让用户产生感官上的美感和精神上的享受。本章将介绍 UI 版式设计的相关知识和内容，并通过对网站 UI 和移动 UI 案例的分析讲解，使读者能够更加深入地理解 UI 版式设计的方法和技巧。

8.1 UI 版式设计概述

UI 版式设计是展示企业形象、介绍产品和服务，以及体现企业发展战略的重要途径。随着网络的普及，UI 版式设计越来越受人们的重视。

8.1.1 UI 版式设计的概念

UI 即 User Interface（用户界面）的简称，UI 设计则是指对软件的人机交互、操作逻辑、界面美观等的整体设计。好的 UI 设计不仅可以充分体现产品的定位和特点，让软件变得有个性、有品位，还可以使用户的操作更舒服、简单、自由。

UI 讲究的是排版布局和视觉效果，其目的是提供一个布局合理、视觉效果突出、功能强大、使用方便的界面给使用者，使用户能够愉快、轻松、快捷地了解界面所提供的信息。

UI 版式设计是指在有限的屏幕空间里，将界面中各个构成元素，如文字、图形图像、动画、音频、视频等元素组织起来，按照一定的规律和艺术化的处理方式进行编排和布局，形成整体的视觉形象，达到有效传递信息的目的。在对 UI 进行版式设计时，要对有限的空间进行合理的布局，从而制作出好的界面。图 8-1 所示为精美的 UI 版式设计。

图8-1 精美的UI版式设计

> **提示**
>
> UI版式设计是以互联网为载体，以互联网技术和数字交互式技术为基础，依据客户与消费者的需求所设计的以商业宣传为目的的界面，同时遵循艺术设计规律，实现商业目的性与功能性的统一，是一种商业功能和视觉艺术相结合的设计。

8.1.2 UI 版式的构成要素

与传统媒体不同，UI 版面中除了文字和图像，还包含动画、声音和视频等多媒体元素，以及由代码语言编程实现的各种交互效果。这些极大地增加了 UI 版面的生动性和复杂性，同时也使设计者需要考虑更多的界面元素的布局和优化。

1. 文字

文字是信息传达的主体，UI 中的文字主要包括标题、信息、文字链接等几种形式，标题是对内容的简要概括，要醒目，应该优先编排。文字作为界面重要的元素，同时又是信息的重要载体，其字体、字号、颜色和排列对界面整体影响极大，应该精心去处理。

图 8-2 所示为 UI 中的文字排版处理，整个界面的图像很少，但是文字排版条理清晰，并没有单调的感觉。可见文字排版得当，UI 同样可以生动活泼。

图8-2 UI中的文字排版处理

2. 图形符号

图形符号是视觉信息的载体，通过干练的形象代表某一事物，表达一定的含义。图形符号在 UI 版式设计中可以有多种表现形式，可以是点，也可以是线、色块或界面中的一个圆角处理等。图 8-3 所示为 UI 中图形符号元素的表现效果。

图8-3 UI中图形符号元素的表现效果

3. 图像

图像在 UI 版式设计中有多种形式，图像具有比文字和图形符号更强烈和更直观的视觉表现效果。尽管受到信息传达内容的约束，但在表现手法和技巧方面图像具有比较高的自由度，因而能够产生无限的可能性。UI 版式设计中的图像处理往往是界面创意的集中体现，图像的选择应该由所传达的信息及其受众来决定。图 8-4 所示为 UI 中图像元素的创意表现。

图8-4 UI中图像元素的创意表现

4. 多媒体

UI 构成中的多媒体元素主要包括动画、声音和视频，这些都是 UI 中最吸引人的元素。切记 UI 设计应该坚持以内容为主，以信息的更好传达为核心，而不能一味地追求视觉化的效果。

5. 色彩

在 UI 版式设计中，配色可以为浏览者带来不同的视觉和心理感受，它不如文字、图像和多媒体等元素直观、形象，因此需要设计师凭借良好的色彩基础，根据一定的配色标准，反复实验、感受后确定。

色彩的选择取决于"视觉感受"。例如，与儿童相关的网站可以使用绿色、黄色或蓝色等一些鲜亮的颜色，让人感觉活泼、快乐、有趣；与爱情交友相关的网站可以使用粉红色、淡紫色和桃红色等，让人感觉浪漫、典雅；与数码相关的网站可以使用蓝色、灰色等体现时尚感与科技感的颜色，让人感觉严谨、理性、大方。图 8-5 所示为出色的 UI 配色设计。

图8-5 出色的UI配色设计

8.1.3 **UI** 版式的设计原则

UI 作为传播信息的一种载体，也要遵循一些版式设计的原则。然而，由于表现形式、运行方式和社会功能的不同，UI 版式设计又有其自身的特殊规律。

UI 版式设计的原则包括协调、一致、流动、均衡、强调等。

①协调：指将 UI 版式中的每一个构成要素有效地结合或联系起来，给浏览者一个既美观又实用的界面。

②一致：指一个系统中所包含的多个 UI 要保持统一的风格，使其在视觉上整齐、一致。

③流动：指 UI 版式设计应能够让浏览者凭着自己的意愿去探索，并且 UI 的功能能够根据浏览者的兴趣连接到其感兴趣的相关内容上。

④均衡：指将 UI 版式中的每个要素有序地进行排列，并且保持界面的稳定性，适当加强界面的实用性。

⑤强调：指在不影响整体设计的情况下，把界面中想要突出展示的内容用色彩搭配或者留白的方式将其最大限度地展现出来。

另外，在进行 UI 版式设计时，需要考虑到界面的吸引性、创造性、造型性、可读性和明快性等。

①吸引性：指吸引浏览者的注意力到界面上，并引导其对该界面中的某部分内容进行查看。

②创造性：指让界面更加富有创造力和个性。

③造型性：指界面造型美观、大方，界面整体版式上保持平衡和稳定。

④可读性：指界面中的信息内容表达简洁、易懂。

⑤明快性：指界面能够准确、快捷地传达相应的信息。

8.2 汽车宣传网站 **UI** 的版式设计

产品宣传网站 UI 最重要的是突出表现产品和主题，因此设计精美的产品宣传图片非常重要。

8.2.1 案例分析

本案例是设计一个汽车宣传网站 UI，使用无彩色的白色与高饱和度的蓝色将版面垂直平分为左右两个部分，使版面产生强烈的视觉冲击力。在版面的中心位置放置大幅退底处理的汽车产品图片，几乎占据整个界面，视觉表现效果突出。版面中文字内容采用了平面设计的处理方式，围绕汽车产品图片进行放置，并且通过大小和色彩的对比，突出主题文字和重要信息。该汽车宣传网站 UI 具有简洁、时尚的气息，并且具有强烈的视觉冲击力。

该汽车宣传网站 UI 版式设计的最终效果如图 8-6 所示。

图8-6 汽车宣传网站UI版式设计的最终效果

8.2.2 配色分析

该汽车宣传网站 UI 选取汽车车身的蓝色作为主题色，使用无彩色的白色与高饱和度的蓝色将背景垂直划分为左右两个部分，形成强烈的色彩对比。版面中心放置退底处理的蓝色汽车宣传图片，突出视觉中心。蓝色与白色的搭配给人清爽、自然、舒适的印象。版面中的主题文字使用高饱和度的蓝色进行表现，其他文字遵循对比原则，白色背景上搭配蓝色或深灰色文字，蓝色背景上搭配白色文字。整个网站 UI 配色统一、和谐、自然、清爽。

该汽车宣传网站 UI 版式设计的主要配色如图 8-7 所示。

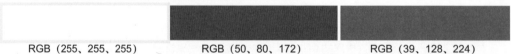

| RGB（255、255、255） | RGB（50、80、172） | RGB（39、128、224） |
| CMYK（0、0、0、0） | CMYK（87、73、1、0） | CMYK（79、46、0、0） |

图8-7 汽车宣传网站UI版式设计的主要配色

8.2.3 版式设计进阶记录

网站 UI 非常讲究编排和布局，与平面设计有许多相似之处，需要通过文字与图形的有机组合，给人一种和谐的美感。

图 8-8 所示为该汽车宣传网站 UI 版式设计初稿的效果。

图8-8 汽车宣传网站UI版式设计初稿的效果

纯白色的背景与蓝色的汽车图片搭配，视觉表现效果突出。传统的上文下图的排版方式，缺乏新意，界面显得单调不够吸引人。

图 8-9 所示为该汽车宣传网站 UI 版式设计的最终效果。

图8-9 汽车宣传网站UI版式设计的最终效果

背景采用无彩色与有彩色进行对比，使界面的视觉冲击力非常强，将汽车产品图片放在界面的中心位置，主题文字与其他文字围绕汽车产品进行排版，视觉效果清晰，主题突出、明确。

🔔 设计初稿：背景单调，排版无新意

通过纯白色背景突出蓝色汽车产品在界面中的视觉表现效果，但背景显得单调，采用传统的上文下图的排版方式，毫无新意。图 8-10 所示为汽车宣传网站 UI 版式设计初稿所存在的问题。

1．纯白色背景使得界面内容显示非常清晰，但同时界面背景显得单调。

2．主题文字放在左侧，其他说明文字放在右侧，排版方式显得呆板。

3．使用圆角的字体表现主题文字，无法表现出汽车产品的科技感和动感。

4．界面中的文字几乎都使用了深灰色，缺乏层次，显得单调。

图8-10 汽车宣传网站UI版式设计初稿所存在的问题

👍 最终效果：具有强烈的视觉冲击力和现代感

为了增强网站界面的色彩层次感和视觉冲击力，将界面的背景处理为白色与蓝色。界面中的主题文字和其他文字内容则围绕汽车产品进行排版，使界面具有很强的设计感和现代感。图 8-11 所示为汽车宣传网站 UI 版式设计的最终效果。

1. 使用白色与蓝色垂直划分界面背景，不仅增加了界面色彩层次，同时也使界面具有强烈的视觉冲击力。

2. 将主题文字与其他文字内容围绕界面中心的汽车产品图片放置，排版方式更自由。

3. 使用棱角分明的黑体字表现主题文字，并对主题文字进行倾斜处理，使得主题文字具有动感。

4. 主题文字使用蓝色，与汽车产品的色彩相呼应，其他的文字使用了深灰色、白色，色彩层次丰富。

图8-11 汽车宣传网站UI版式设计的最终效果

8.2.4 网站 UI 版式设计赏析

分析过汽车宣传网站 UI 版式设计进阶过程后，本节将提供一些优秀的网站 UI 版式设计供读者欣赏，如图 8-12 所示。

该蛋糕网站 UI 将大幅退底处理的蛋糕图片放在版面底部中心的位置，相关的导航文字沿蛋糕的圆形轮廓进行排列，两者形成视觉中心。其他少量文字水平排列在界面上方，局部点缀水果图像。整个界面的版式设计个性、时尚，视觉中心突出。

该鲜花绿植网站 UI 使用深绿色和浅灰蓝色对背景进行分割，分别在界面右上角和左下角放置鲜花绿植图片，同时图片之间应用了大小的对比。将主题文字叠加在绿植图片上，使界面具有层次感。整个网站 UI 给人一种悠闲、自然的印象。

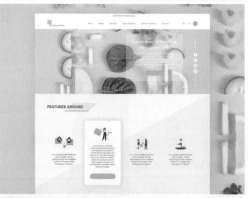

该汽车产品主要面向年轻用户，所以该汽车宣传网站 UI 使用黄色作为主色调。版面采用左图右文的排版方式，突出汽车图片的表现效果。文字部分应用了不同粗细的字体，与背景颜色形成对比，主次分明，层次清晰。整个网站 UI 给人年轻、时尚，富有活力的感觉。

该健康生活网站 UI 版式设计，采用了传统的上、中、下布局：顶部为网站的标志和导航菜单，使用白色矩形背景来划分；导航菜单下方为通栏的宣传图片，吸引浏览者的关注；下半部分为内容区域，将不同的内容分为 4 栏进行排列，结构清晰。整个网站 UI 的表现清新、自然、明快。

图8-12 网站UI版式设计赏析

8.2.5 版式设计小知识——**UI** 中文字的排版

UI 中文字的排版需要考虑文字的辨识度和易读性。好的 UI 文字排版有着较好的阅读性，文字内容在视觉上是平衡和连贯的，并且具有空间感。

文字易读性规则主要针对的是文字在排版中行距和字距的设置，帮助浏览者保持阅读节奏，让浏览者拥有好的阅读和浏览体验。

1. 行宽

可以想象一下：如果一行文字过长，视线移动距离长，会很难让人注意到段落的起点和终点，阅读比较困难；如果一行文字过短，眼睛需要不停地来回扫视，则会破坏阅读节奏。因此要让内容区的每一行承载合适的字数，从而提高易读性。

2. 行距

行距是影响易读性非常重要的因素。一般情况下，接近字体尺寸的行距设置会比较适合正文，又称单倍行距。过宽的行距会让文字失去连续性，影响阅读；而如果行距过窄，阅读时则容易出现跳行，如图 8-13 所示。

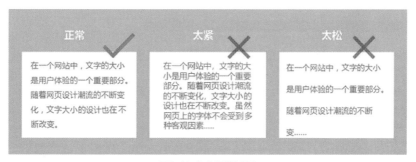

图8-13 文字行距设置

> 提 示
>
> 行距不仅对可读性具有一定的影响，而且其本身也是一种具有很强表现力的设计语言。刻意地加宽或缩小行距，能够加强版式的装饰效果，体现独特的审美情趣。

3. 行对齐

在文字排版中很重要的一个规范就是把应该对齐的地方对齐，例如，每个段落行的位置对齐。通常情况下，建议在 UI 中只使用一种文本对齐方式，尽量避免使用文本两端对齐。

4. 文字留白

在对网页中的文字内容进行排版时，需要在文字版面中合适的位置留出空白空间。留白面积从小到大应该遵循的规律，如图 8-14 所示。

图8-14 留白面积大小应该遵循的规律

此外，在内容排版区域上方，需要根据页面实际情况给页面四周留白。

图 8-15 所示为网站 UI 中的文字排版处理。

在该摩托车宣传网站 UI 版式设计中，可以看到右侧内容主要是由主标题、英文标题和正文内容构成。其分别使用了不同的字体大小，并对各部分都设置了相应的行间距，使得文字内容清晰、易读。

该网站 UI，整体采用简洁的浅灰色背景，界面四周进行留白处理，有效地突出了中间主体内容。在主体内容部分，不同文本之间也适当地留白，使得界面层次清晰，便于用户的阅读。

图8-15 网站UI中的文字排版处理

8.3 餐饮网站 UI 的版式设计

网站 UI 的版式是整个网站的"脸"，能否吸引消费者，让消费者停留，甚至促成交易，能否吸引消费者再次光临，它都起到至关重要的作用。

8.3.1 案例分析

本案例是设计一个餐饮网站 UI 的版式，整体设计采用了左图右文的形式。左侧的美食图片使用了满版方式处理，通过美食图片来吸引用户的关注，具有强烈的视觉冲击力。该网站 UI，多处使用圆形作为设计元素，如在界面背景中使用不同饱和度的绿色圆形叠加，界面中的满版美食图片也做了圆形处理，给人一种饱满、柔和、圆润的感觉。整个网站界面看起来结构清晰，层次感强。

餐饮网站 UI 版式设计的最终效果如图 8-16 所示。

图8-16 餐饮网站UI版式设计的最终效果

8.3.2 配色分析

该餐饮网站的主打产品是健康轻食产品，因此选择绿色作为该其主题色。通过将不同明度和饱和度的绿色相互叠加，表现出丰富的色彩层次感，体现出轻食产品的自然与健康属性。与浅灰色背景的美食图片搭配，对比强烈，有效地突出美食产品的表现。在界面中使用纯白色的文字，清晰、易读，为部分文字和图形点缀高饱和度的黄色，有效活跃界面，使网站界面更具活力。

该餐饮网站 UI 版式设计的主要配色如图 8-17 所示。

RGB（21、119、39）　　　　RGB（211、210、215）　　　　RGB（255、252、0）
CMYK（99、40、100、4）　　CMYK（20、16、12、0）　　　CMYK（9、0、90、0）

图8-17 餐饮网站UI版式设计的主要配色

8.3.3 版式设计进阶记录

网站 UI 的版式设计是否新颖、独特，决定着浏览者对该网站界面内容和信息的关注度。只有在获得关注的前提下，网站才能更好地为企业服务，将商品、服务等推销给浏览者。

图 8-18 所示为该餐饮网站 UI 版式设计初稿的效果。

图8-18 餐饮网站UI版式设计初稿的效果

将浅灰色作为版面的背景色，很好地突出了界面中美食图片的表现效果，但无法表现产品健康、自然的属性。文字排版方式过于简单，主题表现不够突出。

图 8-19 所示为餐饮网站 UI 版式设计的最终效果。

图8-19 餐饮网站UI版式设计的最终效果

将绿色作为界面的主色，很好地体现了该美食产品的健康、自然的属性，并且在界面中多处使用圆形设计元素，使界面的表现更加饱满、柔和。界面中的字体采用不同的颜色和大小进行区分，突出主题的表现。

◑ 设计初稿：版面单调，主题不突出

将浅灰色作为背景色，版面中采用左图右文的方式进行排版处理，将右侧文字内容进行双栏划分，但是字体的大小和色彩并没有很大的差异，主题表现不突出。图 8-20 所示为餐饮网站 UI 版式设计初稿所存在的问题。

1. 将浅灰色作为版面的背景色，很好地突出了美食图片的表现效果，但浅灰色无法表现出食物的自然与健康。

2. 在纯色背景上搭配美食图片和文字内容，虽然版面中的内容表现清晰、易读，但版面显得单调，不够活跃。

3. 主题文字与广告宣传文字采用了与其他栏目相近的字体大小和颜色，主题不明确。

4. 界面中文字内容的排版没有主次。

图8-20 餐饮网站UI版式设计初稿所存在的问题

🖐最终效果：版面主题突出，层次感强

　　在版面中通过将多个不同饱和度的绿色圆形背景与圆形美食图片相搭配，增强了版面的色彩层次，同时在背景中加入插画风的蔬菜水果图形，版面视觉表现更加丰富。文字部分采用垂直排列，通过不同的字体、颜色和大小，有效地突出主题和广告语的表现。图 8-21 所示为餐饮网站 UI 版式设计的最终效果。

　　1．在版面背景中通过将不同明度和饱和度的绿色圆形相互叠加，辅以插画风的蔬菜和水果图形，有效地丰富了版面的层次。

　　2．使用高饱和度的绿色作为版面的主题色，与美食产品图片形成对比，并且绿色能够表现出食物的健康与自然的品质。

　　3．版面中的文字内容采用由上至下的方式进行编排，并且根据内容的重要程度采用了不同的字号和颜色进行表现，主次分明。

　　3．主题文字使用大号的手写字进行表现，广告宣传文字则使用大号的黄色字，表现效果突出，并具有层次感。

图8-21 餐饮网站UI版式设计的最终效果

8.3.4 网站 **UI** 版式设计赏析

分析过餐饮网站 UI 版式设计进阶过程后，本节将提供一些优秀的网站 UI 版式设计供读者欣赏，如图 8-22 所示。

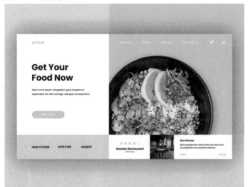

该网站通过使用不同的背景色块，将版面划分为面积不等的几部分并分别放置相应的文字、宣传图片、导航菜单等元素，表现出强烈的视觉效果。绿色与黄色搭配，表现出美食产品的新鲜、健康与自然，富有活力。

该舞蹈培训网站使用舞蹈人物图片作为满版背景，具有强烈的视觉冲击力。在背景中添加黄色和蓝色的光线照射效果，形成冷暖对比，使得版面的视觉表现效果更加强烈。版面中顶部的导航菜单和右下角有少量文字，整体表现简约、富有个性。

该滑雪旅游宣传网站使用滑雪风景图片作为满版背景，表现出该网站的主题，给人很强的视觉冲击力。在版面的中心位置，使用两端对齐的大号加粗字体表现主题，简洁、直观。该网站 UI 使用冷色系颜色进行配色，整体给人一种自然、清爽的感觉。

在该男士手表宣传网站 UI 的顶部和左右两侧分别使用矩形背景色块划分出不同的功能区域，放置不同的功能菜单或操作图标。中间部分为界面的核心，使用深暗的满版背景图片与棕色色块提升视觉冲击力，将退底处理的手表图片放在分割线上，左侧文字内容运用大小和粗细对比，突出主题的表现。

图8-22 网站UI版式设计赏析

8.3.5 版式设计小知识——UI中图片的排版布局形式

在 UI 中使用恰当的图片能够有效地提升 UI 的视觉美感，但是仅仅有恰当的图片是不够的，重要的是如何在 UI 中对图片进行合理的排版设计，为界面内容的呈现提供支撑。UI 中图片展示形式丰富多样，不同形式的图片展示方式也让用户浏览界面的乐趣变得更丰富。

1. 传统矩阵展示

针对界面中的图片限制最大宽度或高度并进行矩阵平铺展现，这是最常见的多张图片展现形式。不同的边距与图片间的距离会产生不同的风格，用户可以在短时间获得更多的信息。同时，鼠标悬浮时会显示更多的图片信息或功能按钮，既能避免过多的重复性元素干扰用户浏览，又能为交互过程带来乐趣。图 8-23 所示为 UI 中的传统矩阵图片排版方式。

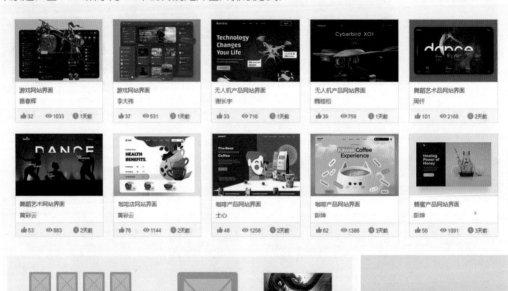

图8-23 UI中的传统矩阵图片排版方式

传统矩阵图片排版方式虽然能使界面表现整齐、统一，但显得有些拘谨，用户在浏览时会感觉枯燥。

2. 大小不一的矩阵展示

在传统矩阵展示的基础上可以进行一定的创新，让图片以基础单元面积的 1 倍、2 倍、4 倍尺寸进行展现。大小不一的图片展示虽然仍按照基础单元面积进行排列布局，但打破重复带来的密集感，为流动的信息增加动感但不致混乱。图 8-24 所示为 UI 中大小不一的矩阵图片排版方式。

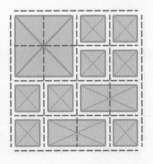

这种大小不一的矩阵图片排版方式并不是很常见，通常应用于摄影、图片素材类 UI 中，结合相关的交互效果能给用户带来不一样的体验。这种排版方式对于视觉流程会造成一定的干扰，如果界面中的图片较多，需谨慎使用。

图8-24 UI中大小不一的矩阵图片排版方式

大小不一的矩阵图片排版方式为浏览带来了乐趣，但由于视线的不规则流动，其并不利于信息的查找。

3. 瀑布流展示

瀑布流的展示方式是近几年流行起来的一种图片展示方式，定宽而不定高的设计让界面打破传统的矩阵式图片排版布局，巧妙地利用视觉层级，而视线的任意流动又缓解了视觉疲劳。用户可以在众多图片中快速浏览，然后选择感兴趣的部分进一步了解。图 8-25 所示为 UI 中的瀑布流图片排版方式。

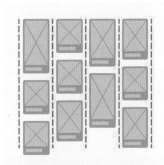

瀑布流图片排版方式很好地适应了不同尺寸图片的表现，但这样也容易让用户在浏览时错过部分内容。

图8-25 UI中的瀑布流图片排版方式

4. 下一张图片预览

在一些图片类的 UI 中，当以大图的方式浏览某张图片时，需要在界面中提供下一张图片小图预览的功能，这有助于提升用户体验。

以最大化界面浏览某张图片时，让用户看到相册中的其他内容，如下一张图片的小图预览，更能吸引用户继续浏览。下一张图片可以缩略显示、模糊显示或部分显示，不同的预览呈现方式都在挑战用户的好奇心。图 8-26 所示为 UI 中的下一张图片预览。

最大化显示当前图片时，以较小尺寸的半透明方式显示下一张图片，从而吸引用户继续浏览。

图8-26 UI中的下一张图片预览

8.4 移动 UI 的版式设计

移动 UI 版式设计其实也是一种信息的表达和传递。充满美感的移动 UI 版式设计会让用户在潜意识中产生青睐，更容易理解和接受移动 UI 中的内容和操作方法，同时加深用户对品牌的认知。

8.4.1 案例分析

本案例是设计一个在线读书 App 的 UI。在版面顶部通过圆形的青绿色背景使版面具有视觉层次感，底部同样使用青绿色的矩形背景突出标签的显示，同时使界面上下呼应。界面中内容的排版则采用了传统的图文排版方式，并且对置顶栏目中的图文进行了大小不等的处理，方便用户通过交互动画的形式来实现滑动切换效果。整个移动 UI 版式设计给人简洁、直观的印象，具有一定的层次感。

该移动 UI 版式设计的最终效果如图 8-27 所示。

图8-27 移动UI版式设计的最终效果

8.4.2 配色分析

该 UI 版式设计使用纯白色作为界面的背景色。白色是 App 界面中最常用的背景颜色，对界面内容的干扰最小，能够有效地突出内容的表现。其使用青绿色作为界面的主题色，与白色的背景色搭配，给人一种清爽、洁净的印象。界面顶部的青绿色背景图形与底部标签的青绿色背景相呼应，很好地划分了界面不同的内容区域。在白色背景上搭配深灰色文字，在青绿色背景上搭配白色文字，始终保持内容的清晰、易读，界面整体给人一种清爽、舒适、自然的印象。

该移动 UI 版式设计的主要配色如图 8-28 所示。

RGB (255、255、255)	RGB (90、189、140)	RGB (43、43、43)
CMYK (0、0、0、0)	CMYK (64、4、57、0)	CMYK (81、76、74、52)

图8-28 移动UI版式设计的主要配色

8.4.3 版式设计进阶记录

在对移动 UI 的版式进行设计前，需要对该产品进行深入分析，根据产品的定位来选择相应的表现方式，然后再对版式的细节进行设计和调整，从而达到理想的效果。

图 8-29 所示为移动 UI 版式设计的初稿效果。

图8-29 移动UI版式设计的初稿效果

使用纯白色作为背景，在界面中使用相同的排版方式对不同栏目的内容进行排版处理，界面表现简洁、统一，但缺乏层次感。

图 8-30 所示为该移动 UI 版式设计的最终效果。

分别在界面的顶部和底部加入青绿色的背景色块，丰富界面的层次感。顶部的圆形色块，能够起到活跃版面的效果。不同栏目的排版方式也稍有差异，从而使面中的视觉表现效果更加丰富。

图8-30 移动UI版式设计的最终效果

👍 设计初稿：界面单调，缺乏层次感

原稿试图通过纯白色的背景凸显界面中的内容，但界面整体显得单调，缺乏层次感，难以吸引用户。图 8-31 所示为该移动 UI 版式设计初稿所存在的问题。

1. 纯白色的界面背景，使界面中的内容表现简洁、清晰，便于阅读，但同时也使得界面视觉表现效果单调、乏味。

2. 界面中不同栏目都采用了相同的图文排版方式，显得单调，重点不突出。

3. 界面底部标签栏使用深灰色背景，视觉表现效果不够突出。

图8-31 移动UI版式设计初稿所存在的问题

👆最终效果：界面层次感强，富有活力

为了使界面具有层次感，分别在界面顶部和底部加入青绿色的背景色块，并且在顶部使用了圆形的背景色块，不仅增强了界面的层次感，同时也使界面更具有活力。图 8-32 所示为该移动 UI 版式设计的最终效果。

3. 将界面底部功能标签的背景色块修改为青绿色，与顶部色块相呼应，并且能够突出底部功能标签的表现。

1. 在界面中加入青绿色的背景色块，不仅丰富了界面的层次感，同时也有效地突出界面上方重点栏目的表现效果。

2. 界面上方的重点栏目叠加在圆形的青绿色背景色块上，将"最佳图书推荐"栏目的内容沿圆形边缘排版，具有层次感，也方便后期实现围绕圆形进行左右滑动切换的效果，使界面表现更活跃。

图8-32 移动UI版式设计的最终效果

8.4.4 移动 UI 版式设计赏析

分析过移动 UI 版式设计进阶过程后，本节将提供一些优秀的移动 UI 版式设计供读者欣赏，如图 8-33 所示。

该灯具产品的 UI 版式设计，使用深灰棕色与白色搭配，巧妙地将界面划分为上下两个部分，内容清晰。左侧界面的上半部分使用深灰棕色背景，突出产品的表现。在产品详情页中，上半部分为产品图片，下半部分使用深灰棕色背景突出产品信息，视觉效果清晰。

图8-33 移动UI版式设计赏析

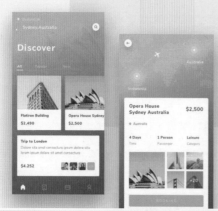

该旅行服务 App 的 UI 版式设计，使用渐变蓝色作为版面背景色，使人联想到天空、大海等大自然的场景。界面中的内容采用方块排版布局方式，每个方块都以白色作为背景色，与界面背景形成对比，突出了信息内容的表现。不同界面的色彩、大小不同，在统一中又富有变化。

在该女性服饰电商 App 中，商品列表页采用了传统的方块排版布局方式，这也是电商类 UI 界面常用的商品排版方式，视觉效果整齐，方便用户浏览。商品详情页界面则通过色块叠加的方式让界面具有色彩层次感，将商品大图放在界面的中心，突出其视觉表现效果。

该酒类产品 App 充分利用色彩的对比来突出界面中的产品或信息。在首页界面中每个酒类产品图片都搭配了低饱和度的灰橙色背景色块，与该界面的灰蓝色形成对比，有效地突出产品的表现。在产品详情页中，同样使用这两种颜色将界面划分为上下两个部分，分别放置相应的产品参数与详细介绍，内容划分清晰，并且具有层次感。

图8-33 UI版式设计赏析（续）

8.4.5 版式设计小知识——移动 UI 设计常见的布局形式

在移动 UI 版式设计之前需要对信息进行优先级的划分，并且合理布局，提升界面中信息的传递效率。每一种布局形式都有其存在的意义，下面介绍移动 UI 版式设计中常见的几种布局形式。

1. 标签式布局

标签式布局又称"网格式布局",标签一般承载的都是较为重要的功能,具有很好的视觉层级。标签式布局一般作为重要功能的快捷入口,同时也是很好的运营入口,能够吸引用户的目光。图8-34 所示为使用标签式布局的移动 UI。

图8-34 使用标签式布局的移动UI

每个标签都可以看作是移动 UI 布局中的一个点,过多的标签会让界面显得繁琐。图标会占据标签式布局的大部分空间,因此图标设计应力求精致,同类型、同层级标签需要保持风格及细节上的统一。

2. 列表式布局

列表式布局是移动 UI 中一种常见的排版布局形式,常用于图文信息组合排列的界面。图 8-35 所示为使用列表式布局的移动 UI。

图8-35 使用列表式布局的移动UI

3. 卡片式布局

卡片式布局是将整个界面的内容切割为多个区域,不仅能让人感受到视觉的一致性,而且易于设计上的迭代。图 8-36 所示为使用卡片式布局的移动 UI。

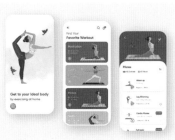

图8-36 使用卡片式布局的移动UI

4. 瀑布流布局

在移动 UI 中使用大小不一的卡片进行布局设计时，能够使界面产生错落有致的视觉效果，这样的布局形式被称为"瀑布流布局"。当用户希望仅仅通过图片就可以获取到自己想要的信息时，这就非常适合在移动 UI 版式设计中使用瀑布流的布局形式，尤其对于图片或视频等内容的表现。图 8-37 所示为使用瀑布流布局的移动 UI。

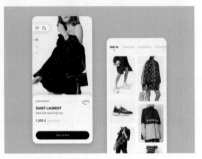

图8-37 使用瀑布流布局的移动UI

5. 多面板布局

多面板布局很像是在竖屏排列的选项卡，其在一个界面中可以展示更多的信息量，提高用户的操作效率，适合内容比较多且分类较明确的情形，多用于电商 App 的分类界面或者品牌筛选界面。图 8-38 所示为使用多面板布局的移动 UI。

图8-38 使用多面板布局的移动UI

6. 手风琴布局

手风琴布局常用于界面中包含两级结构的内容，用户点击分类名称时可以展开显示该分类中的二级内容，在不需要使用的时候，该部分内容默认是隐藏的。手风琴布局能够承载较多的信息内容，同时保持移动 UI 的简洁。图 8-39 所示为使用手风琴布局的移动 UI。

图8-39 使用手风琴布局的移动UI

提 示

相比于PC端UI，移动端UI物理尺寸小了许多，布局与PC端也相差甚远，所以尽量不要把网站UI布局设计的习惯迁移到移动UI的布局设计中。

8.5 总结与扩展

UI 不单是把各种信息简单地堆积起来展示或者表达清楚，还要考虑通过各种设计手段和技术、技巧让受众能更多、更有效地接收 UI 中的各种信息，从而对界面产生深刻的印象并做出消费决策，提升企业品牌形象。

8.5.1 本章小结

通过对 UI 版式设计的讲解与分析，希望读者能够理解 UI 版式设计的表现方法和技巧，并能够将其应用到网站和移动 UI 的设计中。同时希望读者培养求实创新、精益求精的精神，激发爱岗敬业的热情。

8.5.2 知识扩展——UI 版式设计的特性

同样是版式设计，平面媒体版式设计与 UI 版式设计有什么区别呢？下面简单介绍 UI 版式设计的几个突出特性。

1. 内容的不确定性

平面媒体的版面内容相对比较固定，对于 UI 版式设计来说，界面中所有显示的内容都是不确定的。例如，UI 中的标题可能出现两行也有可能出现一行，可能特别长也可能为空，因此 UI 版式设计需要为一些边缘情况做容错处理。图 8-40 所示为具有良好扩展性的 UI 版式设计。

在该影视类 App 的 UI 版式设计中，考虑到信息内容的不确定性，界面中的内容都采用了统一的视频与简短说明文字相结合的表现形式，并且界面中的内容可以向下扩展，从而便于显示更多的内容。

图8-40 具有良好扩展性的UI版式设计

2. 长时间停留

大多数平面媒体的用户都不会长时间进行浏览，卡片、海报或者产品包装一般都是为了让用户在短时间内获得主要信息。而用户在使用网站或 App 时更多的是长时间停留，例如，用户在使用电商网站或 App 购买商品时，通常需要浏览大量的商品并进行挑选。用户使用新闻、电子书类的 App 产品进行阅读时，同样需要浏览较长的时间。因此 UI 版式设计需要较为整洁、清爽，即使用户长时间使用也不会感觉疲惫。图 8-41 所示为简洁、清爽的 UI 版式设计。

该时尚女装 App 使用纯白色作为界面背景，以精美的女装图片展示为主，几乎没有任何的装饰性元素，使用户的目光能聚焦于商品图片上。版面通过精美的商品图片来吸引用户的长时间关注。

图8-41 简洁、清爽的UI版式设计

3. 阅读效率

平面设计作品相对独立，如单张海报或单个商品折页，其内容相对固定，又如海报版面可以通过大面积留白来凸显格调。然而对于 UI 版式设计来说，每个界面的存在都是为了完善整个 App 的交互流程，并且在批量获取信息时如果形式感太强会降低用户的阅读效率，因此 UI 版式设计中的界面布局通常都比较紧凑、易读。图 8-42 所示为紧凑、易读的 UI 版式设计。

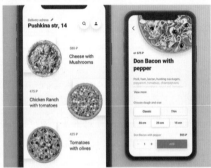

餐饮外卖类 App 的界面通常以图片内容为主。对于以非文字内容为主的界面，往往更注重以精美的图片结合简短的说明文字来表现界面内容，通过合理的留白设置，使内容清晰、易读。

图8-42 紧凑、易读的UI版式设计

4. 信息层级多样性

一个产品需要传递给用户的信息较多，相应的信息层级也较多。如果同一个界面中不同含义的信息层级相同，就很容易让用户误操作，并且多样的层级需要使用各种不同的版式技巧将其呈现出对比并兼顾界面的整体统一性，因此 UI 的版式布局较为多样、有规律。图 8-43 所示为信息层级多样的 UI 版式设计。

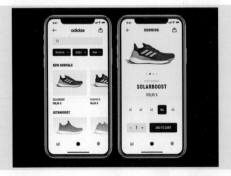

在该运动鞋电商 App 的 UI 版式设计中，重点突出产品图片的表现，而对于产品的筛选项，以及购买产品时产品规格选项则使用了接近黑色的深灰色进行表现，产品的价格使用红色加粗字，通过不同的色彩来表现界面中的信息层级。

图8-43 信息层级多样的UI版式设计